专用于国家职业技能鉴定

国家职业资格培训教程

核设备无损检测工

目视检测

中国核工业集团有限公司人力资源部
中 国 核 能 电 力 股 份 有 限 公 司 组织编写

中国原子能出版社

图书在版编目(CIP)数据

核设备无损检测工. 目视检测 / 中国核工业集团有限公司人力资源部，中国核能电力股份有限公司组织编写. —北京:中国原子能出版社,2021.3

国家职业资格培训教程

ISBN 978-7-5221-1293-0

Ⅰ. ①核…　Ⅱ. ①中…②中…　Ⅲ. ①核设施-无损检验-目测法-技术培训-教材　Ⅳ. ①TL75

中国版本图书馆 CIP 数据核字(2021)第 045145 号

核设备无损检测工　目视检测

出版发行	中国原子能出版社(北京市海淀区阜成路 43 号　100048)
责任编辑	刘　岩
责任校对	冯莲凤
责任印制	赵　明
印　　刷	保定市中画美凯印刷有限公司
经　　销	全国新华书店
开　　本	787 mm×1092 mm　1/16
印　　张	7.625
字　　数	191 千字
版　　次	2021 年 3 月第 1 版　2021 年 3 月第 1 次印刷
书　　号	ISBN 978-7-5221-1293-0　　**定　价　54.00 元**

网址:http://www.aep.com.cn　　**E-mail:atomep123@126.com**

发行电话:010-68452845

国家职业资格培训教程

核设备无损检测工
目视检测

编审委员会

前　言

为推动核行业特有职业技能培训和职业技能鉴定工作的开展，在核行业特有职业从业人员中推行国家职业资格证书制度，在人力资源和社会保障部的指导下，中国核工业集团有限公司人力资源部组织有关专家编写了《国家职业资格培训教程——核设备无损检测工》（以下简称《教程》）。

《教程》以国家职业标准为依据，内容上力求体现“以职业活动为导向，以职业技能为核心”的指导思想，紧密结合实际工作需要，注重突出职业培训特色；结构上针对本职业的职业活动的领域，按照模块化的方式，针对核设备无损检测工职业领域特点，分别按超声、射线、涡流、泄漏、磁粉、渗透、目视七种无损检测方法各自成册。《教程》中的章对应于职业标准的“职业功能”，节对应 “工作内容”；每节包括“学习目标”“生产准备”“工艺操作”及“自检”等单元，涵盖了职业标准中的“技能要求”和“相关知识”的基本内容。此外，针对职业标准中的“基本要求”，还专门编写了《核设备无损检测工（基础知识）》一书，内容涉及：职业道德、专业基础知识、安全文明生产与环境保护知识、金属材料加工工艺及典型缺陷特征、质量管理知识和相关法律、法规知识等。

《教程》适用于核设备无损检测工的初级、中级、高级、技师、高级技师培训，是核设备无损检测工职业技能鉴定的指定辅导用书。

《教程》由聂勇、杨崇安、蔡军、周大禹、余荆生、夏建文、王卓巍、卢威、张运平、张涵、左畅、董兴、余自力、刘轶群、曾玉华、陈霞、黄晓锋、陈胜宇、李宜全、高谊、岳晓明、吕为、帅军、王金龙、吴海林、刘波、潘越峰等编写，由李祝松、周汇东、蔡全旺、沈德贵审核。《教程》由核动力运行研究所、中核建中核燃料元件有限公司和中核北方核燃料元件有限公司负责编写，核动力运行研究所统稿。

由于编者水平有限，时间仓促，加之科学技术的发展，教材中不足与错误之处在所难免，欢迎提出宝贵意见和建议。

中国核工业集团有限公司人力资源部

中国核能电力股份有限公司

目　录

第一部分　目视检测的物理原理及技术基础

第二部分　核设备目视检测操作技能

第一部分 目视检测的物理原理及技术基础

学习目标：

初级工：了解目视检测的物理原理，了解目视检测方法的技术基础，了解目视检测设备与器材，掌握目视检测方法，了解核设备目视检测及常见缺陷，熟悉检测结果的记录。

中级工：了解目视检测的物理原理，熟悉目视检测方法的技术基础，熟悉目视检测设备与器材，掌握目视检测方法，了解核设备制造工艺，熟悉核设备目视检测及常见缺陷，熟悉检测结果的记录、评定及验收，了解目视检测用工艺规程，熟悉目视检测用工艺卡。

高级工：熟悉目视检测的物理原理及技术基础，熟悉目视检测设备与器材，掌握目视检测方法，熟悉相关核设备制造工艺、结构和工作原理，掌握核设备目视检测及常见缺陷，掌握检测结果的记录、评定及验收，熟悉目视检测用工艺规程、工艺卡、报告的编制要求，了解无损检测的新技术、新知识和新工艺。

技师：熟悉目视检测的物理原理及技术基础，掌握目视检测设备与器材，掌握目视检测方法，熟悉相关核设备制造工艺、结构和工作原理，掌握核设备目视检测要点及常见缺陷，掌握检测结果的记录、评定及验收，掌握目视检测用工艺规程、工艺卡、报告、培训教材的编制，了解无损检测的新技术、新知识和新工艺。

高级技师：掌握目视检测的物理原理及技术基础，掌握目视检测设备与器材，熟悉相关核设备制造工艺、结构和工作原理，培训教材的编制，无损检测人员培训，熟悉无损检测的新技术、新知识和新工艺。

第一章 目视检测方法的物理原理及技术基础

第一节 目视检测的物理原理

目视检测是重要的无损检测方法之一，因为它能检测被检部件的表面开裂、腐蚀、磨蚀、变形、移位、泄漏或漏迹等，而大多数部件的失效是从表面损坏开始的。

一、目视检测定义

目视检测是指用人的眼睛或借助于光学仪器对工业产品和加工用材料的表面状况、清洁度、工件几何尺寸、结构形状与完整性、零部件装配位置等进行观察评价或测量的一种无损检测方法。

二、目视检测的应用场合

目视检测广泛应用于产品制造、安装、使用的各个阶段。它不仅应用于原材料的检测，也应用于产品检测；同时也应用于产品使用过程中的定期和非定期检测。

三、目视检测的优点和局限性

1. 目视检测的优点

(1) 原理简单，易于理解和掌握，不受或很少受被检工件的材质、结构、形状、位置、尺寸等因素的影响；

(2) 一般情况下，无须复杂的检测设备器材；

(3) 检测结果直观、真实、可靠、重复性好。

2. 目视检测的局限性

(1) 由于受到人眼分辨率能力和仪器设备的限制，目视检测不能发现表面上非常细微的缺陷；

(2) 在观察过程中由于受到表面照度、颜色、环境条件等的影响容易发生漏检现象。

第二节 目视检测的光学基础

一、光、光源和光线

光和人类的生产生活有着十分密切的关系，人的视觉要依靠光，人类的一切活动几乎都离不开光。

1. 光

对光的本性的认识从牛顿的微粒说，发展到惠更斯的波动说，麦克斯韦根据电磁波的性质证明，光实际上是电磁波。从此人类对光的本性有了比较正确和全面的认识。现代物理认为，光是一种具有波粒二象性(波动性、粒子性)的物质，即光具有波的特性又有粒子的特性。只是在一定的条件下某种性质显得更为突出。在反射、折射、干涉、衍射、色散等现象中，波动性往往成为主要矛盾方面，光便表现出像波。在光致发光、光电效应，以及其他一些有关光的产生和转化的现象中，粒子性往往成为主要矛盾方面，光便表现出像粒子。

按照电磁波的频率(或波长)的高低排列起来形成电磁谱，它们分别称为 γ 射线、X 射线、紫外线、可见光、红外线、微波、无线电波等。各种电磁波由于波长(或频率)不同而呈现不同性质，见图 1-1。

可见光：可见光是电磁波谱中人眼可以感知的部分，它由红、橙、黄、绿、青、蓝、紫七种颜色的光组成，可见光谱没有精确的范围，一般人的眼睛可以感知的电磁波的波长在 400～760 nm(纳米)(1 nm＝10^{-6} mm)之间，但还有一些人能够感知到波长在 380～780 nm 的电磁波，见图 1-1。

不同波长的光引起不同的颜色感觉，也就是说不同波长的光产生的颜色不同。图 1-1

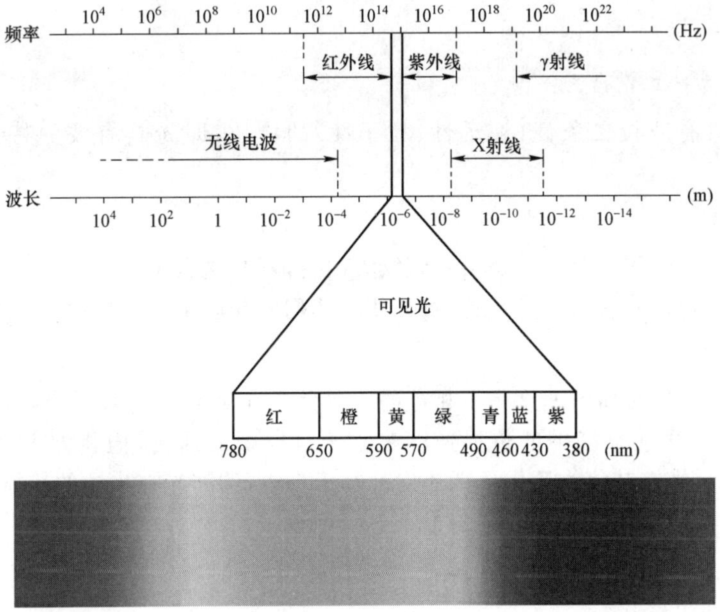

图 1-1　电磁波波谱图

给出了可见光不同颜色的波长范围。在可见光范围内，红光的波长最长(或频率最低)，紫光的波长最短(或频率最高)。

单色光：同一波长且具有相同颜色的光称为单色光。

复色光：不同波长的光混合而成的光称为复色光。自然界中的太阳光、白炽电灯和日光灯发出的光都是复色光。

白光：白光是一种可见的复色光。白光是多色的，因不同波长的可见光混合起来，形成互补色(如橙和蓝、黄和青、红绿蓝等)，给人的感觉是白色而得名，通常所说的日光就是白光的一种。

2. 光源和光线

光源：物理学上指能发出一定波长范围的电磁波(包括可见光与紫外线、红外线和X射线等不可见光)的物体。通常指能发出可见光的发光体。自身能发光的物体，称做光源，又称发光体，如太阳、电灯以及燃烧着的物质等。

二次光源：当光照射到物体上，被照物的表面会产生反射或散射现象，这些反射和散射的光称之为二次光源。

把光的概念和几何中的点、线、面有机地联系起来，就形成了几何光学的几个基本概念。光源是一个光的辐射体，当光源的大小和其辐射能的作用距离相比可以忽略不计时，就称之为发光点，发光点被认为是一个既无体积又无大小的几何点。任何被成像的物体都是由无数发光点所组成的。用一条有箭头的几何线代表光的传播方向，称之为光线，光线是一条携带能量的几何线。这种发光点和光线实际上是不存在的，因为它们的能量密度为无限大，但是，发光点和光线概念的几何化可以使人们处理问题大为简化，使人们用简单的数学方法和图解法解决十分复杂的光能传播和成像问题。

二、光特性

1. 光具有波粒二象性

光是一种具有波粒二象性(波动性、粒子性)的物质,即光具有波的特性又有粒子的特性。

2. 光的传播

光在各向同性的均匀介质中是沿着直线方向传播的,这就是光的直线传播定律。

光线只有在均匀介质中沿直线传播,光线在非均匀介质中将因折射而弯曲。

3. 光的速度

光在不同介质里传播的速度是不相等的。各色光在真空中具有完全相同的传播速度,$c\approx3\times10^8$ m/s。光在空气中的传播速度略小于真空中的速度,但相差无几,也可当作是$c\approx3\times10^8$ m/s。光在其他物质中传播速度都小于真空,例如光在水中的传播速度大约是真空的3/4,水晶中光速大约是真空的2/3。

$$c=f\cdot\lambda \tag{1-1}$$

式中:c——光速,m/s;

λ——波长,m;

f——频率,l/s 或 Hz。

光在透明介质中传播时频率不变。光速随波长而变化。

在透明介质中光的波长和速度同时改变,但是频率不变。

三、光学中的基本物理量

1. 辐射通量

光的传播过程也是能量的传递过程,发光体(光源)在发光时失去能量,而吸收到光的物质就增加能量。发光体在单位时间内辐射出来的光(包括红外线、可见光和紫外线)的总能量就是光源的辐射通量。辐射通量的单位是瓦(W)。辐射通量是描述光源单位时间内发出光能多少的物理量。

2. 光通量

辐射通量虽然反映了光源辐射强弱程度,但它并不能完整地反映出由光能量所引起的人们的视觉的强度(即明亮程度)。因为人的眼睛对于不同波长的光波具有不同的敏感度,不同波长的数量不相等的辐射通量可能引起相等的视觉强度,而相等的辐射通量的不同波长的光,却不能引起相同的视觉强度。例如,一个红色光源和一个绿色光源,若它们的辐射通量相同,则绿色光看上去要比红色光光亮些。在可见光中,黄绿光(波长为555 nm)有最大激起明亮感觉的本领,波长增大或减小,人对光的感觉都会变暗。将人的视觉对不同波长光所产生的明亮程度来估算辐射通量的物理量叫光通量。光通量的国际单位是流明(lm)。光通量是衡量辐射通量对于不同波长的各色光所激起人眼明亮感觉的物理量。

3. 发光强度

光源发光的强弱,用发光强度来描述。发光强度简称光度。发光强度是描述光源发光强弱的物理量。其大小表示单位立体角内发出光通量的多少。

(1) 点光源某一方向的发光强度

点光源向各个方向发出光能在某一方向上划出一个微小的立体角 $d\omega$，则在此立体角的范围内光源发出的光通量 $d\Phi$ 与 $d\omega$ 的比值称为点光源的发光强度。

$$I=d\Phi/d\omega \tag{1-2}$$

(2) 均匀发光光源某一方向的发光强度

$$I=\Phi/\omega \tag{1-3}$$

式中：I——发光强度，cd；

Φ——光通量，lm；

ω——立体角。

发光强度的单位用坎德拉(cd)表示。1 坎德拉是光源在给定方向上，在每球面立体角内发出 1/683=0.001 45 W 频率为 540×10^{12} Hz 的单色辐射(即波长为 555 nm 的单色光)通量时的发光强度。

4. 光照度(照度)

物体单位面积上所得到的光通量称为物体表面上的光照度，简称照度。

光照度是描述被照物接收到光通量多少的物理量，它表示受照面被照明的程度，其大小等于被照物单位面积上得到的光通量的多少。光照度是用于物体表面观察必不可少的条件，也是目视检测中重要的概念。

$$E=\Phi/S \tag{1-4}$$

式中：E——照度，lx；

Φ——光通量，lm；

S——面积，m^2。

照度的单位是勒克斯(lx)，1 lx 等于 1 平方米面积上得到 1 流明的光通量。即 1 lx=1 lm/1 m^2。

5. 光出射度

光出射度是描述光源或物体被光照射后出射(即二次光源)的光通量多少的物理量，其大小是单位表面积发出光通量的多少。

(1) 发光体微小面积的光出射度

某一发光体表面上微小面积范围内所发出的光通量与这一面积之比称为这一微小面积上的光出射度。

$$M=d\Phi/dS \tag{1-5}$$

(2) 均匀发光体的光出射度

$$M=\Phi/S \tag{1-6}$$

式中：M——发光体的光出射度，lx；

S——发光体的表面积，m^2；

Φ——发光体发出的光通量，lm。

光照度与光出射度的关系：

相同点：物理意义相同，都是单位面积上的光通量，所以单位相同，都为 lx。

不同点：照度中的光通量指的是被照物单位面积上接收到的光通量，而光出射度中的光通量是被光照射的物体(二次光源)表面单位面积所出射的光通量。

发光强度与光出射度的关系:

相同点:都是描述光源发出的光通量的多少。

不同点:发光强度是指光源单位立体角内发出光通量的多少;光出射度是指被光照射的物体单位表面积出射光通量的多少。

6. 反射率

被照物反射出的光出射度与被照物的光照度之比称为表面的反射率。

$$\rho = M/E \tag{1-7}$$

式中:ρ——反射率;无量纲,是个小于1的数;

M——二次光源的光出射度,lx;

E——被照物光照度,lx。

被照物的介质、表面颜色及粗糙度对光的反射率都会产生不同的影响。

大部分物体对光的反射都具有选择性,也就是说不同的色光具有不同的反射率。当白光入射到物体表面时,反射光的光谱组成与白光不同,反射光则是彩色的,这就是我们能看到不同色彩物体的缘故。

如果某种物质在可见光范围内对所有波长的反射率 ρ 值相同且接近1,那么这种物质称为白体,如氧化镁、硫酸钡或涂有这种物质的表面,其反射率达95%。反之,对于所有波长的反射率 ρ 值都相同且接近于0的物体称为黑体,如炭黑和黑色的粗糙表面,其反射率仅为1%。

7. 照度定律

(1) 照度第一定律

假使点光源的发光强度为 I,以点光源为中心,r(m)为半径作一球面,那么球面上的照度为

$$E = \Phi/S = 4\pi I/4\pi r^2 = I/r^2 \tag{1-8}$$

所以用点光源照明时,假使光源的发光强度(光度)不变,垂直照射面上的照度跟它到光源的距离的平方成反比。这就是照度第一定律,也称为照度的平方反比定律。

照度第一定律把被照物的垂直照度与点光源的发光强度和光源到被照物的距离之间建立起了关系式。

照度第一定律只适用于点光源,光源尺寸不超过它和物体表面距离的1/10时,照度第一定律是适用的;如果光源的尺寸比较大,超过这个界限,照度并不因距离的改变而有多大的改变,照度第一定律不适用。

(2) 照度第二定律

照度的大小还与受照面的法线和光线之间的夹角(也就是入射角)有关。如图1-2所示,O 是点光源,A_O 和 A 是同一立体角内的两个截面,彼此成 θ 的交角。假设两个横截面积都很小,光源所发出的光对于 A_O 截面可以认为均匀的垂直照射,对于 A 截面的入射角就等于 θ。用 S_O 和 S 分别代表 A_O 和 A 的面积,E_O 和 E 分别代表它们表面上的照度,Φ 代表通过它们的光通量,可以得到:

$$E_O = \Phi/S_O, E = \Phi/S$$

所以　　$E/E_O=S_O/S=\cos\theta$　或　$E=E_O\cos\theta$(lx)　　(1-9)

这个公式说明物体表面上的照度跟光线入射角的余弦成正比。这就是照度的第二定律，也称为照度的余弦定律。

第二定律解决了点光源光线不是垂直照射到物体表面上时，如何计算该表面照度的问题，建立了点光源光线垂直照射到物体表面与非垂直照射之间照度计算关系式。

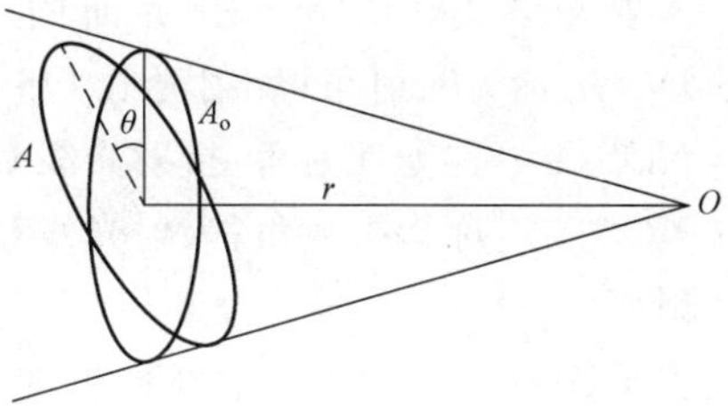

图 1-2　光入射角

(3) 点光源的照度通式

如果图 1-2 中 O 点的点光源的发光强度为 I 坎德拉(cd)，O 点跟 A 截面的距离为 r(m)，可以求出 A 截面上的照度

$$E=I\cos\theta/r^2\text{(lx)} \tag{1-10}$$

这是一个点光源对物体表面上的照度通式。表示点光源在很小面积上所产生的照度与光线入射角的余弦成正比，与光源到表面距离的平方成反比。照度通式是将照度第一定律和照度第二定律合并起来，形成通式。

如果物体的表面受到多个光源照射时，它的照度就等于各个光源所产生照度的算术和。

8. 亮度

一个有限面积的光源，尽管在某一方向的发光强度与另一点光源在相同方向的发光强度相同，但是我们会明显地感觉到点光源更亮些。这表明仅用发光强度来表征光源的发光特征是不全面的。为了便于说明光源的表面部分辐射特性，必须了解亮度的概念。亮度是光源单位面积上的发光强度，其单位是尼特，国际代号是 nt。1 尼特等于 1 平方米均匀发光表面在其法线方向的发光强度为 1 坎德拉时的亮度，即

$$1\ \text{nt}=1\ \text{cd/m}^2 \tag{1-11}$$

亮度的另一种单位是熙提，它是 1 cm^2 的均匀发光表面在其表面上发出 1 cd 发光强度时的亮度，即 1 熙提＝1 cd/1 cm^2，因此 1 熙提＝10 000 尼特。

亮度是光源特有的物理量，它表达了光源的发光强度在自身表面的集中程度。

亮度不同于照度，亮度是光源单位面积上的发光强度，照度是被照物体单位面积上得到的光通量，两者之间没有必然的联系，如果光源与物体间的距离较大，即使亮度大的光源也未必就能使物体上得到大的照度，但人们往往习惯将周围物体的照度称为亮度，应特别注意纠正。

四、光的透射、反射、折射

1. 光的透射

光线垂直入射到两种介质表面时，直接穿透进入另一种介质中，方向不发生改变。

2. 光的反射

当光线斜射到两种介质界面上时，光就分成两部分，见图 1-3，一部分在原来的介质里改变传播的方向，一部分进入另一介质，从界面开始改变传播的方向。前一种现象称为光的反射，后一种现象称为光的折射。光的反射和折射现象是在两种介质界面上同时存在的。

为了便于表述这些现象，我们首先引入以下几个名词。

入射光线 SO 和介质分界面的法线 NO 间的夹角 $\angle SON=i$ 称为入射角；反射光线 OS' 和法线 NO 间的夹角 $\angle NOS'=i'$ 称为反射角；折射光线 OS'' 和法线之间的夹角 $\angle NOS''=i''$ 称为折射角；入射光线和法线构成的平面称为入射面。

如果光线逆着原来反射线的方向（沿 $S'O$ 方向）照射到界面，它就逆着原来入射线的方向（沿 OS 方向）反射。

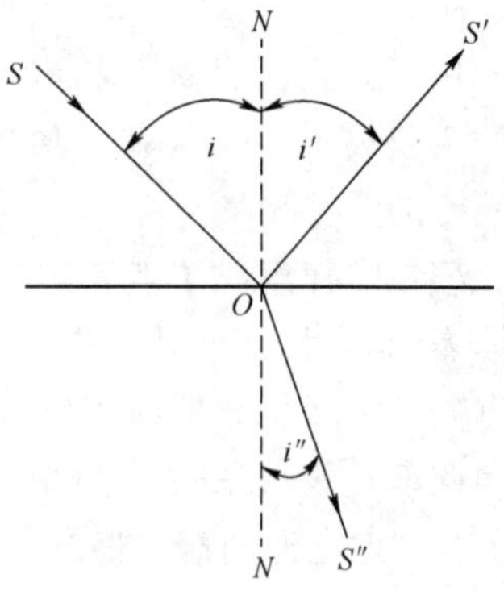

图 1-3 光的反射

（1）光的反射

当光线斜射到两种介质界面上时，光在原来的介质里改变传播的方向，这种现象称为光的反射。

（2）光的反射定律

反射光线位于入射面内，入射线和反射线分居在法线的两侧，反射角等于入射角。

（3）光的漫反射和单向反射

1）漫反射：平行光线照射到粗糙不平物体的表面，由于物体表面各点的法线不平行，光线不能沿单一方向平行反射，这种反射叫做漫反射，见图 1-4。由于物体表面的漫反射，我们就能看见本身不发光的物体，并且能从各个方向看见它。

2）单向反射（或正反射）：平行光线照射到光滑物体的表面，反射后仍然是平行光线，叫做单向反射，也叫做正反射，见图 1-5。反射面极光滑时，我们只能在一定方向上看到由单向反射所造成的像或反射出来的光。

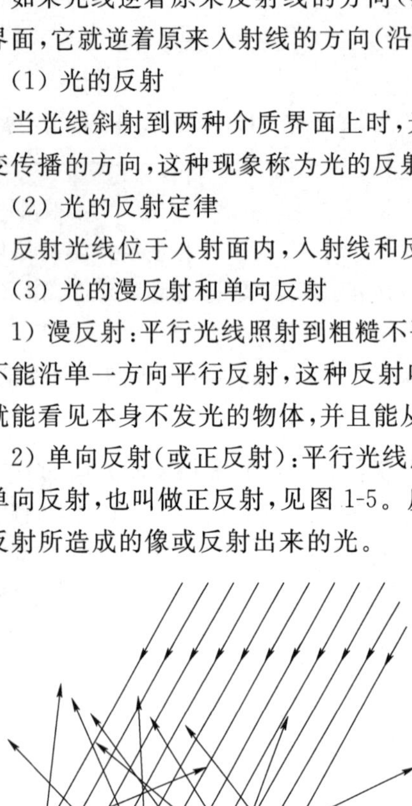
图 1-4 光的漫反射

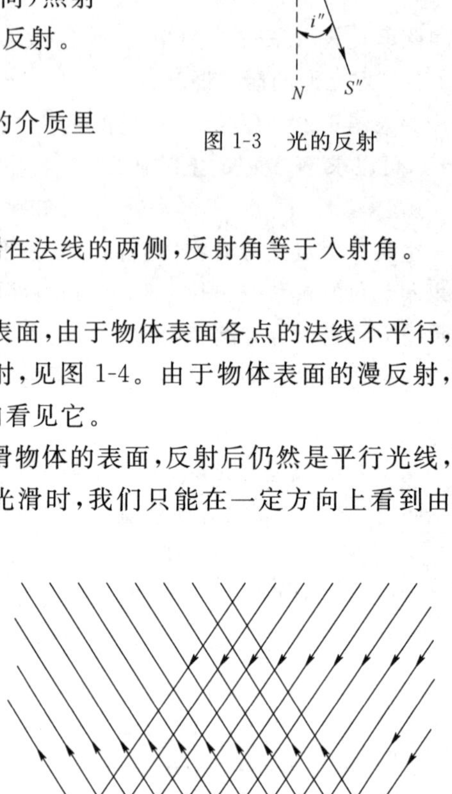
图 1-5 光的单向反射

3）平面镜：平面镜（平面反射镜）是应用平面反射的原理制成的镜子。平面镜成像符合光的反射定律。平面镜中的像是虚像。虚像和物体对称。例如用右手的掌心向镜面时，所成的像跟左手对右手时一样，上下虽不颠倒，左右却调换了。目视检测中应用平面镜改变光线的传播方向。

平面镜在控制光路方面有极广泛的应用。光路的控制就是利用一些基本的光学设备来改变光线的传播方向，使它适合各种需要。如图 1-6(a)，光线垂直照射到平面镜上，可使光逆着原来的入射方向反射。图 1-6(b)表示入射角等于 45°时，反射角也等于 45°，利用这一性质，可使水平方向的入射光线经平面镜反射后变为垂直方向的反射，或者垂直方向的入射变为水平方向的反射。图 1-6(c)中两平面镜相互平行，可使入射光与反射光平行且方向相同，目的在于使光线避过障碍物而继续前进。图 1-6(d)中，两平面镜相互垂直时，反射光与入射光平行而方向相反。图 1-6(e)中，光线经过两次成 Q 交角的平面镜反射后，出射线跟入射线的交角是 $2Q$，这是工程光学仪器中常用的装置。

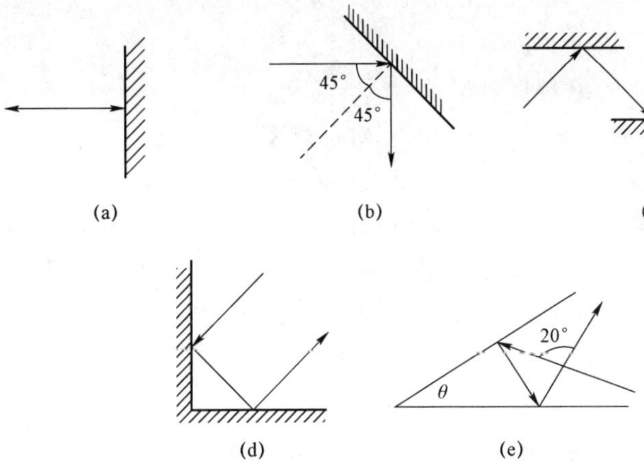

图 1-6　不同角度组成平面镜系统的光路

3. 光的折射

(1) 光的折射

当光从一种介质斜射入另一种介质时，它的传播方向总要发生改变，这种现象称为光的折射，见图 1-7。

光的折射现象是光入射到两种介质分界面处进入到另一种介质中传播。在实际中发生光的折射的同时还伴随发生光的反射现象。

光的折射现象经常可以看到，例如筷子斜插入水中，可以看出水面上下的两部分好像折成两段，见图 1-8。

图 1-7 中：入射角 i——入射光线与照射表面法线的夹角；

折射角 i'——折射光线与照射表面法线的夹角；

折射偏向角 δ——折射线与入射线的延长线的夹角，$i=i'+\delta$。

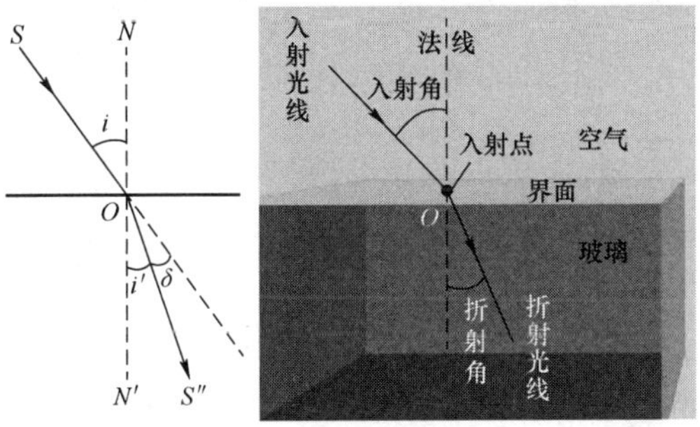

图 1-7　光的折射

图 1-8　光的折射现象

(2) 光的折射规律

光的折射规律可表述为：折射光线位于折射面内，入射线和折射线分居在法线的两侧，入射角的正弦和折射角的正弦之比，对于给定的两种介质来说是一个和入射角无关的常数

（这个常数叫相对折射率）。

$$\frac{\sin i}{\sin i'}=\frac{1/n_1}{1/n_2}=\frac{n_2}{n_1}=n_{2.1} \tag{1-12}$$

式中：n_1——第一种介质的绝对折射率；

n_2——第二种介质的绝对折射率；

$n_{2.1}$——第二种介质对第一种介质的相对折射率。

（3）折射率的概念

1）理论绝对折射率

把介质对真空的折射率称为理论绝对折射率（光从真空斜射到介质中），人为把真空的绝对折射率取作1，理论绝对折射率$=n_{介质}/1$，用$n_{介质}$表示。

2）绝对折射率

把介质对空气的折射率称为绝对折射率，简称折射率，由于光在空气中的传播速度和真空中的传播速度相差极小，通常把空气的绝对折射率也取作1，用$n_{介质}$表示。

注意区别理论绝对折射率和绝对折射率的概念，虽然都用$n_{介质}$表示，意义不同。

3）相对折射率

把一种介质对于另一种介质的折射率称为相对折射率。

当光从介质a进入到介质b中，介质b对于介质a的相对折射率可用n_{ba}表示。

$$n_{ba}=\frac{n_b}{n_a} \tag{1-13}$$

绝对折射率是相对折射率的特例，它相对的是真空和空气。

（4）折射率与光速、折射角与入射角的关系

1）折射率与光速的关系

第二种介质对第一种介质的折射率$n_{2.1}$等于第一种介质的光速V_1与第二种介质的光速V_2之比。

$$\frac{\sin i}{\sin i'}=\frac{n_2}{n_1}=\frac{V_1}{V_2}=n_{2.1} \tag{1-14}$$

折射率的大小决定了光在不同介质中的传播速度，各色光在真空中的传播速度相同，在其他介质中传播速度则不同。

2）光疏介质和光密介质

传光快的介质（折射率较小的介质）叫做光疏介质，传光慢的介质（折射率较大的介质）叫做光密介质。光密和光疏是相对的，完全是对传光速度的快慢而说，并非由介质密度决定。

3）折射角与入射角的关系

光从光疏介质进入光密介质时（$n_2>n_1$，相对折射率>1），折射线要向法线方向偏折，折射角小于入射角；光从光密介质进入光疏介质时（$n_2<n_1$，相对折射率<1），折射线要离法线方向偏折，折射角大于入射角。

4）相对折射率的实质

相对折射率表明光线斜射通过两种介质表面时，折射光线偏折的程度，折射率越接近1，光线偏折程度越小；折射率越远离1，光线偏折程度越大。

究竟向哪个方向偏折取决于介质的疏密即光在介质中的传播速度。光从光疏介质进入光密介质时，要向法线方向折射；光从光密介质进入光疏介质时，要离法线方向折射。

(5) 临界角和全反射

光从光密介质进入光疏介质时要离开法线折射，入射角逐渐增大，折射角也将逐渐增大。但是折射角的最大极限是 90°，不可能再增大。对于折射角为 90°时，对应的入射角叫做光密介质对光疏介质的临界角。

当入射角大于临界角时，光线不能进入光疏介质，它服从反射定律，这种现象叫做全反射。

4. 光路的可逆性

如果光线逆着原来反射线、折射线照射到界面，它就逆着原来入射线的方向反射和折射，这个现象就是光路的可逆性。利用这一重要规律可通过平面镜、凹面镜、凸面镜来达到控制光路和成像的目的。

五、透镜

由两个折射面所限定的透明体成为透镜。透镜可分为凸透镜和凹透镜两类。

凸透镜：中心厚度大于边缘厚度的透镜称凸透镜，因具有会聚光线的性能，也叫做会聚透镜。

凹透镜：中心厚度小于边缘厚度的透镜称凹透镜，因具有发散光线的性能，也叫做发散透镜。

六、光的吸收和散射

1. 光的吸收

介质对光的吸收和散射，都是分子尺度上光与物质的相互作用，除了真空，无 介质对光波或电磁波是绝对透明的，光的强度随传播距离的增加而减少的现象，称为介质对光的吸收，被吸收的光能量被转化为介质的热能或内能。

2. 光的散射

介质的不均匀性将导致光的散射，它将定向入射的光强散射到其他方向，从而也造成定向光强随传播而减小。

光的吸收和光的散射物理意义：

光的吸收是光传播一段距离后，由于介质吸收了部分光能转化为本身的热能和内能，使得光的强度损失而减少；

光的散射是由于介质不完全均匀透明，将入射到介质表面上的光散射到不同的方向，改变了原入射光中部分光的传播方向，同时使光强随传播而减小。

通常光在不均匀的介质中传播时，光的吸收和光的散射是伴随着进行的。

第三节 视 力

视力是指人眼视物的能力。决定视力的因素有物体的大小；眼睛与物体的距离；物体的亮度、背景、对比度、颜色；人的年龄、精神状态等。

一、人眼中主要的组织

1. 水晶体

它是由多层薄膜组成的双凸透镜，中间硬，外层软，且各层的折射率不同，中心为 1.42，最外层为 1.373。自然状态下其前表面半径为 10.2 mm，后表面半径为 6 mm。水晶体周围肌肉的紧张和松弛可改变前表面的曲率半径，从而使水晶体焦距发生变化。

2. 虹膜

位于前室后面，中间有一个圆孔，称为瞳孔，它是一个能自动调节的可变光阑，调节进入眼睛的光束口径，可随景物的亮暗随时进行大小的调节。一般人眼在白天光线较强时，瞳孔缩到 2 mm 左右，夜晚光线较暗时，可放大到 8 mm 左右。

3. 视网膜

后室的内壁为一层由视神经细胞和神经纤维构成的膜，称为视网膜，它是眼睛中的感光部分。

4. 黄斑

正对瞳孔的一部分视网膜，呈黄色称为黄斑，其水平方向的大小约为 1 mm，垂直方向约为 0.8 mm，黄斑上有不大的凹部，直径约为 0.25 mm，称为中心凹，是视网膜中感光最敏感的部分。

从光学的角度看，眼睛中最主要的三件东西是：水晶体、虹膜和视网膜。眼睛和照相机很相似，如果对应起来看，水晶体相当于镜头；虹膜相当于光圈；视网膜相当于底片。

照相机成在底片上的像是倒立的，人眼也是成倒立的像，我们之所以没有感觉到，那是神经系统进行调节的结果。

二、图像形成

1. 人眼成像原理

人眼观察某一物体时，虹膜根据光的强弱张大与缩小自动调节进光量，视神经细胞感受到光的刺激后，引起水晶体肌肉舒张或收缩，改变水晶体前表面半径和后焦点移动位置，在视网膜上形成一个清晰的像。

2. 眼睛的调节

眼睛能够清晰地看见不同距离的物体，这种能力称为调节。正常人的眼睛在完全松弛的情况下，能看清无限远的物体。

3. 眼睛的调节范围

在观察近距离的物体时，眼睛的水晶体肌肉收缩使水晶体前表面半径变小，后焦点前移，同样也能看清物体。实际上，人眼能看清的物体范围是有限的，这个范围称为调节范围。

明视远点：眼睛中水晶体肌肉完全放松状态下所能看清的点称为明视远点。

明视近点：眼睛水晶体肌肉处于最紧张状态所能看清的点，称为明视近点。一般明视近点的距离最小为 100 mm 左右，因人或年龄有一定变化，随着年龄的增加，人的明视近点也增加。

明视距离：最适宜观察和阅读的距离，人在这个距离相对长时间工作不感到疲劳，这个距离称为明视距离。明视距离为 250 mm。

4. 眼睛的适应

人眼除了能看清不同距离的物体外，还能在不同亮暗条件下工作。眼睛所能感受的光亮度变化的范围是很大的，可达到 $10^{12}:1$。这是因为眼睛对不同的亮暗具有适应能力。可分为暗适应和亮适应两种，暗适应是指从亮处到暗处，瞳孔逐渐变大使进入眼睛的光亮逐渐增加，暗适应逐渐完成。此时，眼睛的敏感度大大提高。在暗处停留的时间越长，暗适应能力越好，对光的敏感度也越高。但是经过 50～60 分钟后，敏感度到达极限值。人眼能感受到的最低照度值称为绝对暗阈值，约为 10^{-9} lx。它相当于蜡烛在 30 km 远处产生的照度，也就是说当忽略大气的吸收和散射时，眼睛能感受到 30 km 远处的烛光。

同样，当从暗处进入亮处时，也不能立即适应，要产生眩目现象。但亮适应的过程很快，一般几分钟即可完成。

5. 人眼的分辨率

眼睛具有分开很靠近的两相邻点的能力，这称为眼睛的分辨率。如果两物点相距太近，在视网膜上所成的两像点将落在同一视神经细胞上，视神经将无法分辨两点而把两点看成一点。当我们用眼睛观察物体时，一般用两点间对人眼的张角（视角）来表示人眼的分辨率。

实验证明，在良好的照度条件下，人眼能分辨的最小视角为 $1'$（分）。要使观察不太费劲，视角需 $2'$～$4'$。人眼能分辨的最小视角为 $1'$，其含义是指在平均视野条件下，人眼能看清直径为 0.25 mm 的圆点和宽度为 0.025 mm 的线。

影响眼睛分辨率的因素有人眼与被观察物体的距离、被观察物的照度、对比度和照明光的光谱波长。

当物体大小一定时，人眼与被观察物体的距离越近（≥明视近点），则分辨率越高。

当对比度一定时，照度越大，则分辨率越高。但是当照度过大时，会感到耀眼，甚至睁不开眼睛，什么也分辨不出来。

当照度一定时，对比度越大，则分辨率越高。

由于眼睛有较大的色差，单色光的分辨率比白光高，并以 555 nm 的黄绿光为最高。

三、人眼看清物体的条件

1. 视场

眼睛固定注视一点或借助光学仪器注视一点时所能看到的空间范围，称为视场。眼睛能看见的空间范围比视场大。但是，并不是视场内的物体我们都能看得很清楚，物体的像要落在视网膜上，并且要落在黄斑中央的中心凹处，才能看清物体，这是我们看清楚物体的第一个条件。

2. 照度

瞳孔可以自动调节进入人眼中的光通量，光强的时候瞳孔缩小，光弱的时候瞳孔放大。瞳孔的调节范围一般在 2～8 mm，调节的范围就光通量可能通过的面积来说，相差不过 16 倍，而光的亮度变化可以在 10 万倍左右。所以看清楚物体应该具有一定的照度，这是我们看清楚物体的第二个条件。

3. 视角

当我们观察细小的物体时由于受到眼睛分辨率的影响，前面讨论过人眼能分辨的最小视角为 1′，这就是看清楚物体的第三个条件：视角不能小于 1′。

物体的视角大小不仅与物体的大小有关，同时还与物体的位置有关。当一定大小的物体向人眼移动时，其视角是增大的，但不能超过人眼的明视近点。如果在近点处观察细小的物体，其视角仍小于 1′，则要借助放大镜或显微镜，将细小的物体放大后进行观察。

第四节 目视检测人员的视力检查

人眼的视觉功能，主要包括光觉、色觉和形觉。视觉的形成有赖于眼球光学系统的完整、视通道信息传递系统的健全，以及图像感知和分析系统的正常。

光觉是最基本的视觉，视网膜的感光细胞是感受光线的第一神经元，视网膜含有视锥和视杆两种感光细胞，视锥细胞主要集中在黄斑部，感受强光（明视觉）和色觉；视杆细胞主要分布在黄斑以外的周围视网膜，感受弱光（暗视觉）。

人眼对不同波段电磁波的感受，可分别产生红、橙、黄、绿、青、蓝、紫等不同颜色知觉，色觉就是指人眼辨别各种颜色的能力。

形觉包括视觉和视野，视野指眼球向正前方固视不动所能见到的空间范围，一般所说的视力是指中央视力。

目视检测人员的视力检查主要是指近视力、远视力和色盲的检查。

一、近视力检查和远视力检查

正常人眼的视力都差不多，但当出现远视、近视或散光等非正常情况时，视力会明显下降。

国际上通用的视标是如图 1-9(a)所示的兰道(Landolt)环，我国使用的是如图 1-9(b)所示的 E 形视标。测试时一般采用白底黑标，照度范围为 200～700 lx 远视力检查距离为 5 m，视力表与被检眼视线垂直，1.0 行视标与被检眼等高，这样视标道宽或开口宽度 Δ 约为 1.46 mm，视角正好对应 1′，即视力 1.0。我国现在通用的视力表共有十二行，能看清楚第一行(10′视角)者视力为 0.1，看清楚第二行视力者视力为 0.2，如此类推，第十行的视角为 1，对应视力为 1.0，一般正常视觉应能看清这一行，第十一行的视力为 1.2，第十二行的视力为 1.5。近视力检查距离为 25 cm，其他与远视力检查相同。

二、色盲检查

色觉是人眼视觉的主要组成部分。色彩的感受与反应是一个充满无穷奥秘的复杂系统，辨色过程中任何环节出了毛病，人眼辨别颜色的能力就会发生障碍，称之为色觉障碍即色弱。通常，色盲是不能辨别某些颜色或全部颜色，色弱则是指辨别颜色能力降低。

1. 全色盲

不能识别颜色的色觉异常称为全色盲，这种人对周围的事物没有色彩感，看周围只是个

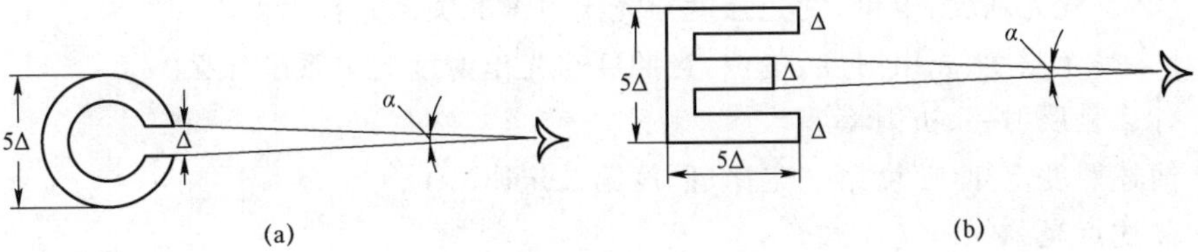

图 1-9 视力表上的视标

(a)兰道环；(b)E 形视标

明暗的世界，在人群中全色盲者非常少见。

2. 红绿色盲

不能识别红绿颜色的色觉异常叫红绿色盲，具有红绿色盲的人只能识别蓝色和黄色，对接近蓝色的蓝绿色或接近黄色的黄绿色，以及橙色，则只有蓝和黄的感觉。而对接近绿的蓝绿色，黄绿色或接近红的橙色(如果绿和红的量相当时)，这时只感觉明暗而毫无彩色。

在红绿色盲者当中，能识别绿色，不能识别红色的叫红色盲(即红绿色盲第一型)；相反，能识别红色而不能识别绿色的叫绿色盲(即绿色盲第二型)。

3. 蓝黄色盲

与红绿色盲相反，这种色盲患者对红绿产生色觉，而对蓝黄色不能产生色觉，这种色盲异常叫蓝黄色盲。这种色盲比较少。

4. 色弱

色弱主要是辨色功能低下，比色盲的表现程度轻，也分红色弱，绿色弱等。

在照明亮度很高的情况下，颜色视觉正常者与色弱者没有多大差别。当看远方的颜色，或识别低色彩的颜色，观察时间又短时，则会产生差别了。色弱表现出的异常是分辨不清，这就是色弱现象。色弱也分红色弱、绿色弱等多种。特别是对比效果的影响更大。用土黄色、黄色与红色相配合，色弱者就会看到一系列绿色，相反，用土黄色、黄色和绿色相配，色弱者就会看到一系列红色。

5. 夜盲和昼盲

夜盲是指在暗环境下或夜晚视力很差或完全看不见东西。昼盲是指在明亮的环境下视力下降。

思考题

1. 简述目视检测的定义与应用场合。
2. 简述目视检测的优点和局限性。
3. 什么是可见光，可见光的波长范围是什么？
4. 什么是单色光、复色光？
5. 什么是光源和光线？
6. 光的波粒二象性、传播特点、传播速度是什么？
7. 什么是辐射通量、光通量、单位？

8. 什么是发光强度、单位,发光强度与光出射度的关系是什么?
9. 什么是光照度、光出射度、单位,光照度与光出射度的关系是什么?
10. 什么是反射率、折射率?
11. 简述照度定律(照度第一定律、照度第二定律)。
12. 简述点光源的照度通式。
13. 什么是亮度,亮度的单位是什么?
14. 简述光的反射和反射定律。
15. 简述平面镜的成像。
16. 什么是光的吸收和散射。
17. 简述人眼的图像形成。
18. 什么是明视远点、明视近点,明视距离?
19. 简述眼睛的适应、分辨率。
20. 影响眼睛分辨率的因素有哪些?
21. 简述光强与颜色对观察及其分辨率的影响。
22. 简述人眼看清物体的三个条件。
23. 简述人眼的光觉、色觉和形觉。
24. 视力检查的内容有哪些?

第二章　目视检测设备与器材

目视检测设备与器材大致可以分为光源、观察助视工具（反光镜、放大镜、望远镜、内窥镜等）、测量工具（卷尺、直尺、焊缝检验尺、游标卡尺、百分表、千分尺、螺纹规、塞尺等）、校验工具（主要有照度计、灰度卡、Jaeger 测试表）。

第一节　光源的种类及其特点

一、光源的种类及其特点

光源分为可见光光源和不可见光光源。

1．可见光光源

凡能发射电磁辐射且有一段辐射光在可见光范围之内的物质体称之为可见光光源。

2．不可见光光源

有些发光体可以发射出红外线或紫外线，由于其波长不在人眼的可见范围内，我们称这类发光体为不可见光源。因为目视检测主要是利用人眼对被检对象进行观察，故不可见光源在目视检测中较少采用。

3．可见光光源的种类

可见光光源可分为自然光源和人工光源两大类，日光是最重要的自然光源。人工光源大致可分为温度辐射光源、气体放电光源、固体发光光源、激光光源等几类。

- 光源
  - 自然光源　　日光
  - 人工光源
    - 温度辐射光源：钨丝白炽灯、卤钨灯
    - 气体放电光源：钠灯、汞灯、氙灯
    - 固体放光光源：半导体灯
    - 激光光源：激光灯

（1）自然光源

日光是人们天天都要使用，最熟悉的一种自然光源，它透过大气层照射到地面，强度和光谱特性均受到一定影响，并随地理位置、气候、季节、时间的变化而变化。它是一种色表和显色性较好的光源。在目视检测中被广泛用来作为光源，但受地点、时间、照度要求、使用要求与使用条件的限制，往往不能充分利用自然光源。

（2）人工光源

1）温度辐射光源

温度辐射光源是使用物体温度升高而发光的光源，例如钨丝白炽灯及卤钨灯。白炽灯发出的光是连续光谱，故其显色性较好。当灯丝温度升高时，色表愈接近日光。由于用途不同，白炽灯的结构形式很多，其灯丝的形状有点光源、线光源和面光源。

碘钨灯和溴钨灯是最常用的卤钨灯，与白炽灯相比，卤钨灯寿命长，发光效率高，在整个寿命期中可始终保持接近100%的光通量，灯丝亮度高，玻璃小而坚固，因而可使灯具和光学系统小型化，使成本降低。

2）气体放电光源

使电流通过气体（包括某些金属蒸汽）而发光的光源称为气体放电光源。如钠灯、汞灯、氙灯等。它们是光谱仪器中常用的光源，统称为光谱灯，发出不连续的线光谱。

3）半导体灯

半导体灯又称P-N发光灯或发光二极管，它电压低、耗电少、点燃频率高、寿命长体积小，但光效率低。目前常用于指标灯或显示器。

4）激光光源

它是一种新型光源，具有单色性好，方向性好及相干性好，辐射密度高等特点。在国防、生产和科研中被广泛应用。

二、光源的选择

在目视检测中，光源是一个很重要的检测器材，合理正确的选用光源是保证目视检测获得正确结果的一个重要因素，因此在选择光源时要考虑以下几个方面。

（1）光谱能量分布特性

不同光源的光谱能量的分布是不相同的，选择光源时必须考虑检测的要求，采用类似日光的光源或黄绿色光是合适的。如为了使彩色还原良好应采用光色丰富的日光、强光白炽灯、氙灯等光源。

（2）灯泡的寿命

不同型号及不同种类的灯泡，其寿命也不同，应综合考虑各种条件，以选择寿命长一些的为宜。

（3）使用条件及经济性

在检测大面积区域时应采用照度均匀，照射面积大的白炽灯为宜；检测工件某部位，对细小缺陷缺陷进行仔细观察时，应采用具有聚光作用的灯为好；在进入容器等内部执行检测时，由于容器内部通常较暗应采用强光光源，同时从安全角度出发还应考虑具有防爆功能的光源和在安全电压以下的光源。

第二节　反光镜、放大镜、显微镜和望远镜

一、反光镜

在人眼不能直接观察到的情况下，利用光的反射原理改变或折转光路，从而达到观察的目的。

1. 反光镜的原理

反光镜遵循光的反射原理。

2. 反光镜的种类

反光镜包括平面反光镜、凸面反光镜和凹面反光镜三种。

目视检测中最常用的反光镜是平面反光镜。

(1) 平面镜反光镜

平面镜反光镜:反光面是平面的反光镜。

光线经过反射后,折转光路,没有放大作用。通常是采用透光性能良好的光学玻璃在背面镀银制成。由于平面反光镜由玻璃构成使用中非常容易破损和破裂,因而在特殊场合如容器内部,洁净场合应当谨慎使用。

(2) 凸面反光镜

凸面反光镜:反光面是凸形面的反光镜。

光线经过反射后,具有发散作用,扩大观察的视野。

(3) 凹面反光镜

凹面反光镜:反光面是凹形面的反光镜。

光线经过反射后,具有会聚作用,增大局部光线的强度。

3. 医用咽喉镜

医用咽喉镜,也是目视检测常用工具之一,其镜面直径约为 22 mm,并与手柄成 45°角,医学上常用作口腔检查,用在目视检测上,能清晰显示小范围内的表面状况,常用于螺纹孔的目视检测。

二、放大镜

放大镜是利用凸透镜一倍焦距内折射成正立放大的虚像原理,制成的简单光学仪器。放大镜增大近距离观察物体的视角,是目视检测常用工具之一。

为了增大视角,便于仔细观察物体的各部分细节,应近距离观察。但是,眼睛的调节是有限度的,正常的眼睛不能聚焦的距离小于 150~250 mm。在平均视野条件下,能看清直径约 0.25 mm 的圆盘和宽度为 0.025 mm 的线。使用放大镜就可以克服人眼这些极限条件,使眼睛能够看清原来物体看不清的细节部分。

1. 放大镜的放大倍数(m)

$$m=\frac{d}{f}=\frac{250}{f} \tag{2-1}$$

式中:m——放大镜的放大倍数;

d——人眼的明视距离,为 250 mm;

f——放大镜的焦距。

从式(2-1)可知,f 越小,放大镜的放大倍数 m 越大。当 f 太小时(放大倍数太大时),放大镜的球面曲率就愈大,眼睛所能观察的范围(视场)很小,观察起来就不方便;另外由于球面曲率愈大,球面象差现象也愈显著。所以,一般情况下放大镜的放大率不过几倍,目视检测所使用的放大镜,放大倍数一般在 6 倍以下,为了使用方便通常选用带有手柄、透镜直径一般在 70~100 mm 的放大镜为宜。

2. 正确使用放大镜

使用放大镜时,放大镜与被观察物体的距离应小于放大镜的焦距才具有放大作用,一般放大镜的焦距为 10～100 mm。

三、显微镜

观察微小的物体要用放大倍数比较大的显微镜。实际上显微镜的结构颇为复杂，常由四个以上的透镜组合而成，放大倍数可达几十万倍，可对工件的组织结构进行观察。目视检测是一种宏观检测，通常情况下很少使用放大倍数很高的显微镜。

四、望远镜

望远镜是一种用于观察远距离物体的目视光学仪器，是目视检测中常用的工具。望远镜把远方很小的物体视角按一定比率放大，形成较大的像空间视角，使远处无法用肉眼看清或分辨的物体变得清楚可见，因此从望远镜中观察远处物体有缩短距离的感觉。

1. 望远镜的结构

最简单的望远镜须由两个凸透镜组成，一个为物镜，一个为目镜，它们的主轴在同一直线上，物镜焦距 f_0 大于目镜焦距 f_e，并且物镜的焦点 F_0 跟目镜的焦点 F_e 相重合，所以筒长等于两透镜的焦距之和，$L=f_e+f_0$，另外在物镜与目镜间安放一个倒转棱镜，用于颠倒像。

2. 望远镜的放大率(m)

望远镜的放大率 $m \approx f_0/f_e$，就是说望远镜的放大率约等于物镜焦距 f_0 与目镜焦距 f_e 的比值。物镜的焦距愈大，或目镜的焦距愈小，望远镜的放大率愈大。望远镜的物镜不仅焦距要大，并且孔径要大，可以增加像的照度。一般望远镜总是做成一端大、另一端小，大的一端为物镜，小的一端为目镜。望远镜的物镜所成的像比原物体小，但因视角放大，看物体有缩短距离的感觉，放大率为 10 倍时，物体到我们的距离就好像缩短到原距离的 1/10。

第三节　工业内窥镜

内窥镜检测最早用于人体的医学检查。20 世纪 50 年代开始逐渐进入工业检测领域，并出现专门的工业内窥镜。随着工业产品对内窥检测的需求，以及工业内窥镜制造技术的完善，内窥检测在各个工业系统得到了广泛的应用。工业内窥镜已成为一种必不可少的检测工具，根据不同的检测需求研制生产了各种不同规格形式的工业内窥检测设备，以适应不同具体要求。

内窥镜检测设备主要包括内窥镜、检测工装、辅助照明设备等。其中最主要的为内窥镜。内窥镜有不同的分类方法。

根据使用领域可以分为：工业内窥镜和医用内窥镜两大类。

根据内窥镜能否弯曲分为：刚性内窥镜和柔性内窥镜两大类。

根据内窥镜成像特征可以分为：光纤内窥镜和视频内窥镜两大类。

一、视频内窥镜

下面介绍自 1984 年诞生以来逐渐成为内窥镜检测主流技术的视频内窥镜。

首先利用光导束将光送至检测区（有时在前端处也有采用发光二极管作为工作长度大于 15 m 时的照明），前端部的一只固定焦点透镜则收集由检测区反射回来的光线并将之导至 CCD（电荷耦合器件）芯片（直径约小于探测头外径）表面，数千只细小的光敏电容器将反射光转变成电模拟信号，然后，此信号进入探测头，经放大、滤波及时钟分频后，可直接在仪器数字显示屏上成像或通过模拟输出到外接监视器上观察，见图 2-1。

图 2-1　视频内窥镜示意图

1. 视频内窥镜的优点及其技术性能

视频内窥镜从使用形式上取代了直杆镜和光纤镜，因为视频内窥镜本身为柔性插入管，但如果加上刚性套管之后则可以当成直杆镜使用。焦距更深：比典型的光纤镜能提供更长的固定场深度，即在检测区可有更大的清晰范围，因此可节省移动探头及再次对焦时间。不存在使用光纤的固有缺点。光纤内窥镜图像传导束中，每一根光纤都为目镜传送一部分检测图像，但在各根光纤之间则有一个很小的空间成为图像传送的空当，形成一个个“蜂房”或网格图形，因而增加图像的颗粒状使之模糊不清。另外，光纤束的长时间固定弯曲及拐折也会使一些光纤折断，它们所传送的像素就会消失，因而出现黑点，称为黑白点混成灰色效应，从而使分辨力下降。视频内窥镜在图像传送过程中不使用光纤束，不存在“蜂房”影像及光纤折断产生的“黑白点混成灰色”效应。它的固态电子图像信号通过电导体传送，这些电导体是专为耐受严酷工业环境而设计的。可维持图像信号的幅度及稳定，工作寿命也长得多。

当通过传统的目镜观察时，人的眼睛紧张和疲劳可能是一个大问题，每次你通过目镜观察一分钟就会休息几分钟。在检测任务繁重时，检测人员要加快工作，就有可能因为眼睛感到不舒服，造成漏检。而现在数字图像显示器使我们可以非常舒适地进行检查，非常容易控制图像的大小、记录图像，进行精确的远距离目视检测，并能够让两个人或更多的人同时看图像，对确定缺陷及损伤的性质、严重程度、是否超标非常重要。对视频内窥镜而言，如同数码相机一样，要得到很清晰的图像，必须要有很高的 CCD 像素，至少要高于 44 万像素，目前市场上已有成熟产品供应。

色的辅助判断也是极为关键的。在识别腐蚀、焊接区域烧穿及化学成分的缺陷时，准确的彩色再现往往是很重要的，视频成像系统的彩色再现极佳，它能把每个三基色以全带宽记录下来，从而达到最大分辨力。特别是当我们观察烧蚀程度或涂层剥落时，如果色彩还原不好，会让我们将原本不很严重的烧蚀误判成即将烧穿。要达到很好的色彩还原，必须有很高的灰度等级，这就需要保证光源色温接近于太阳光的色温（太阳光色温 6 000 K）。

光源亮度的自动智能型调节也是得到良好观察效果的必备条件。型腔内部表面一般为金属材料，且具有一定反光性，如果光源亮度不能无级自动调节，而只能通过手动分级调节时，所得到的观察效果肯定是会产生较强反射白斑。当白斑恰在缺陷部位时，则无法完成观察。光源亮度自动调节功能可以最大限度地消除白斑效果，令观察时得到最为合适的光源照度。

全方位 360°的导向功能也是在实际工作中不可缺少的。进行容器内部观察时，我们既要观察顶部，也要检查底部，还要注意周围的状况，这样就要求探头可以 360°旋转，如只能完成四个方向的导向就不得不烦琐地进行插入管的轴向旋转操作，增加了工作难度，影响观察效果。另外，在狭小的空间内尽量短小的导向半径和 180°以上的导向弯曲度也是必需的。

内置和外置两种存储的兼备才能满足使用者对数据记录的要求。对于视频内窥镜而言，仪器的内置存储使现场检测更为方便，检测和缺陷记录更为保险，而外置的设备可以将数据随时转移到使用者的电脑中长期保存。

对于现场使用而言，产品的一体化便携性也是至关重要的。数字显示屏必须能与人眼处于最佳观察角度，而主机部分也需要达到体积小、重量轻、便于携带的需求，因为在现场操作的空间很有限，这就要求设备的人机一体性能。

目前先进的视频内窥镜具备中文操作菜单、专业接地线、内置温度传感器等辅助功能。综上所述，设备的好坏、先进与否对目视检测工作的质量来说起到相当重要的作用。

2. 影响内窥镜检测的主要因素

影响内窥镜检测的主要因素有，照明条件，探头位置与角度，通道，图像的畸变，分辨率、放大倍数、可检测最小缺陷，物体表面反射率。

（1）照明条件

照明条件对内窥镜检测有很大影响。良好的照明可极大提高内窥镜检测的分辨能力。

为真实反映产品表面的颜色，需要照明光线为与日光类似的全色，只有产生近似于白光的光线才能对物体颜色做出真实的反映。所以要求照明光源产生光线的色温足够高，以得到需要的白光。

一般条件下要求内窥镜检测照明光源色温不低于 5 600 K，照明强度不低于 2 600 lm。

辅助照明，由于内窥镜本身光源照明范围较小，只在探头靠近时才有效，在检测范围大时需要考虑采用辅助照明设备。辅助照明一般应提供亮度不少于 160～540 lx。

使用内窥镜照明应注意以下几个问题：

1）使用最佳的光线方向有利于观察；

2）避免强光反射；

3）注意选择光源的色温；

4）使用与表面反射性质相适应的照明条件。

（2）探头位置与角度

探头与观察区域的距离是决定能否获得最大清晰度、分辨率、图像放大倍数的主要因素。

内窥镜是利用其探头端部透镜来收集从物体表面反射的光线，获得物体图像的。当透镜靠近物体时，图像的放大倍数、清晰度会逐渐增加；但当镜头距离物体表面太近时，图像会变虚；距离太远时，受照明条件的影响，光线减弱，图像会变暗。通常在距离检测区域 5～25 mm 范围内观察图像的效果最好，因此往往需要内窥镜探头尽量靠近观测点。受透镜焦距的影响，内窥镜观察景深，即得到清晰图像的远近范围大多小于

50 mm。当观察区域不同部分处在不同平面上时，必须考虑焦距的影响，必要时应选择特殊的内窥镜产品。

探头与观察物体平面在 45°～90°范围内都可以达到较好的观察效果，在实际工作中是通过反复改变探头与观察点的位置与角度来找到合适的观察位置，并获得最佳的检测效果。当探头无法到达理想观察位置时，应考虑对图像清晰度、分辨率及检测效果的影响。

(3) 通道

通道是指内窥镜探头由外部进入产品内部到达检测区域的通路。通道的最小直径决定了进入产品内部内窥镜探头的直径；通道的长度决定了探头进入产品内部所需的最小长度；通道的弯曲角度决定了内窥镜探头的弯曲半径。视频镜探头一般都有一个最小弯曲半径，产品弯曲半径必须大于探头的最小弯曲半径，否则极易在弯曲时造成探头内光纤折断。视频镜前端有一段金属硬质端头，一般长度在 30～50 mm，用于透镜及 CCD 等光电转换元件安装、固定。检测弯曲管路，必须考虑硬质端头在弯曲管路内通过要求，否则极易在探头退出时被卡住。

1) 一般应按以下原则选择内窥镜探头的直径

① 内径均匀的管路、孔洞：选择的探头直径一般不大于管路、孔洞内径的 4/5。

② 弯曲、内径不均匀的管路、孔洞：选择的探头直径一般不大于管路、孔洞最小内径的 2/3。

③ 探头直径越大、长度越长，进入管路后的间隙越小，进出的阻力越大，越容易卡住损坏探头。探头进入产品长度较长时，应选择直径较细的探头。在两种直径探头同时满足要求时，应优先选择直径较大的探头，以尽可能提高观察图像的清晰度。

2) 一般应按以下原则选择产品通道

① 通道应尽量靠近需检测位置，选择进入长度最短的通道；

② 尽量减少探头需要弯曲的次数及程度；

③ 首先选择由上到下，由高到低的通道；

④ 优先选择宽阔的通道；

⑤ 推荐使用工装保证探头在产品通道中正确方向；

⑥ 应采用边观察边通过的方法在通道中行进。

(4) 图像的畸变

图像的畸变是指通过透镜观察物体产生的变形现象，随着从透镜中心到边缘距离的增大，图像发生畸变。在光学系统中，图像的畸变往往通过复合透镜技术，透镜表面弯曲度的调节来修正。图像的畸变会对缺陷的判断及测量产生影响。直杆镜、光纤镜观察时图像的畸变较大，视频内窥镜可通过计算机进行校正。

(5) 分辨率、放大倍数、可检测最小缺陷

内窥镜的分辨率反映的是通过内窥镜能清晰观察到最小物体尺寸的能力。常用可检测最小缺陷的尺寸来说明。一般情况下，内窥镜探头的直径越大其观察的图像越清晰；内窥镜检测的图像大多通过显示器显示，显示器尺寸越大图像越大；显示器像显示分辨率越高，图像质量越好。

放大倍数：由于内窥镜都是在图像放大的基础上对检测区域进行观察的，所以放大倍数

越高，对细节检测的能力越强，但内窥镜检测的范围越小。放大倍数取决于探头上透镜（目镜、物镜）放大倍数和探头与观察点的距离。

内窥镜可检测最小缺陷的尺寸是由内窥镜的分辨率、放大倍数共同决定的。

影响内窥镜分辨率的因素：

设备因素：探头的直径、内窥镜系统分辨率、显示器最小点数。

产品因素：表面状况、缺陷的类型。

（6）物体表面反射率

内窥镜的照明是为了获得物体表面足够的反射光线。吸光的或发暗的表面，如积碳、高度氧化物体的表面往往需要较高的照明。光洁度高的表面对光线有很强的反射能力，容易产生很强的眩光，影响对物体表面的观察，需要改变光的强度与探头的角度减小强烈反射的影响。

3. 内窥镜的选择

内窥镜的选择方法：

（1）通常根据检测对象的通道形式和环境条件来选用内窥镜的种类；

（2）选择探头直径、长度、视向、视角、焦距、最小弯曲半径等；

（3）复杂产品往往要求使用多种型号配合使用。

4. 视频成像系统的正确使用

（1）探头插入检测对象内部进行检测时，内部被检测区域的温度必须小于＋80 ℃，否则将导致CCD探头组件的损坏。

（2）主机电源使用交流电源时，必须接地，否则将导致CCD探头组件的损坏。开、关机之间必须间隔15秒以上，否则将导致主机光源灯泡的损坏。

（3）开机之前必须检查确认各接口与主机连接完好，否则将导致系统障碍。

（4）更换探头物镜转接头必须严格按操作手册的说明进行操作，否则将导致探头物镜转头卡锁的损坏。

（5）更换主机光源灯泡前必须关机15分钟以上以便散热。

（6）探头插入、拔出及关机之前必须按导向复位按钮，确保探头回复到正向前方的初始位置并释放导向钢丝的张力，否则将导致探头导向弯曲部或导向功能损坏。

（7）不能将探头折成小于其弯曲半径的死折，否则将导致探头损坏。避免探头超出其承受能力被重物砸伤或锐物割伤，否则将导致探头损坏。

（8）每次使用后，必须使用70%酒精溶剂清洗探头及物镜转接头。

（9）长途搬运时必须将主机软驱磁头保护盘插入软驱中，否则将导致主机软驱磁头损坏。

（10）手持机及主机放入机箱的顺序与位置必须严格按操作手册的说明进行操作，否则将导致探头与主机的损坏。

5. 一般内窥镜检测程序

（1）了解检测工件的内部结构特点、检测具体内容、位置。按程序展开并连接仪器，检查电源、接地是否可靠，仪器放置安全平稳。

（2）选择合适的探头、镜头及进入产品的通道，检测前应清除通道内的障碍、毛刺等可能阻碍、损伤探头的物体。

(3) 如对产品的内部结构无法了解或结构复杂，可使用观察镜头观察后再进行检测。检测中尽量使镜头正对检测区域。

(4) 检测前应使眼睛适应检测环境及光线。长时间工作时应注意避免眼睛疲劳，产生人为漏检。

(5) 检测过程中应小心，确保探头顺利到达指定部位。探头在推进过程中如遇到明显阻力时，应立即停止前进。探头退出时应缓慢，如被卡住不能用力拉，以免损坏工件或探头。

(6) 一般探头的移动检测速度不超过 10 mm/s，应使图像平衡，利于观察。大面积扫查时应采用直线扫描方式，每次扫查宽度不超过 20 mm，且不得超过探头的观察范围。

(7) 对采集的图像进行处理分析。

(8) 按规定清洁探头，整理仪器、现场。

(9) 推荐使用辅助工装帮助探头顺利到达最佳观察位置，并保持探头与观察点相对位置的稳定以及在运动扫查中稳定图像。辅助工装形式需要根据检测产品、位置及使用内窥镜类型综合设计。

6. 安全防护

为保证内窥镜检测过程中人员、设备、检测对象的安全，所有含油产品、火工品等危险品应进行有效接地，并采取消除静电等措施。

由于内窥镜设备，尤其是视频设备，照明光源需要使用较高电压，因此内窥镜检测设备应进行独立接地，保证工作过程中无静电积累。

7. 内窥镜检测工艺验证

工艺验证是为了验证内窥镜检测的方法、设备、工艺、规程是否能满足产品的检测要求。

工艺验证采用试样验证的方法，按工艺要求对试样上模拟缺陷进行检测，缺陷大小、形式应满足产品检测的要求。试样应尽可能与产品相似，包括生产工艺、表面质量、检测通道。试样也可采用经过检测的同一产品或经过其他方法测定的参考系统替代。在产品的内窥镜检测前，一般需要对内窥镜测检设备、检测程序按检测工艺的要求进行验证试验，以确保检测质量。当检测设备和操作程序的变化对检测结果影响时，需进行验证试验，如果这些变化对检测结果没有影响，则可以不进行验证试验。

第四节　电视检测设备

一、电视检测设备的应用场合

核电无损检测不同于其他行业检测，具有作业环境复杂恶劣，部分区域剂量率水平高等特点。由于电视检测(视频检测)可对容器、泵壳、管道内部、紧固件、支撑件等人员不可接近或高辐照区域进行远距离检测，因此核电厂设备广泛采用电视检测技术检测对包括反应堆压力容器内表面、反应堆压力容器下封头外表面、反应堆压力容器顶盖内表面、蒸汽发生器一次侧水室、稳压器内部堆焊层、主泵壳体内表面、堆内构件、燃料组件、管道内部、安全壳内外表面及其他容器或支吊架等的表面缺陷、清洁度、完整性等进行检测。

电视检测对象大部分为设备(部件)焊缝及内外表面,作业环境包括水下作业和非水下作业。

二、电视检测设备的组成

电视检测系统由前端采集器、信号传输线、后端显示及编辑分析系统、电视检测的载体、控制单元组成。前端采集器一般为分辨能力不一的摄像头,信号传输大部分采用电缆传输,后端显示为各种分辨率的显示器,编辑分析系统为安装编辑和分析软件的计算机,电视检测的载体可将摄像头、照明灯、抓取工具等送到受检部件附近,控制单元用于控制电视检测的载体、摄像头、照明灯、抓取工具等的各种运动。

电视检测的载体:根据载体结构分为,长杆夹持、多轴机械臂、爬行器、水下小潜艇、遥控飞行器等,按载体功能分为非水下载体和水下密封载体,按被检对象分为容器内作业和容器外作业,由于核电厂设备和管道具有多样性、环境复杂性等特点,电视检测的载体呈现多样性、专一性。

第五节 照度计、灰度卡、Jaeger测试表、图像记录设备

一、照度计

1. 照度计的作用

照度计是用于测量工作场所光照度的基本仪器。对各种光源(点、线、面光源,漫射光源)及各种不同颜色的可见光均能正确测量。根据国家计量法的规定,照度计应每年校验一次。

2. 照度计的结构和工作原理

照度计一般由探头和主机两部分组成。图2-2给出了照度计原理示意图。C为余弦校正器,F为$V(\lambda)$滤光片,D为光辐射探测器。

被检测场所的光线首先进入余弦校正器,余弦校正器使得照度计对光辐射测量的结果尽量满足余弦定律;再通过滤光片进入到光辐射探测器转变成电信号,电信号经过I/V变频、运算放大器放大,最后在显示器上显示出相应的光照度。

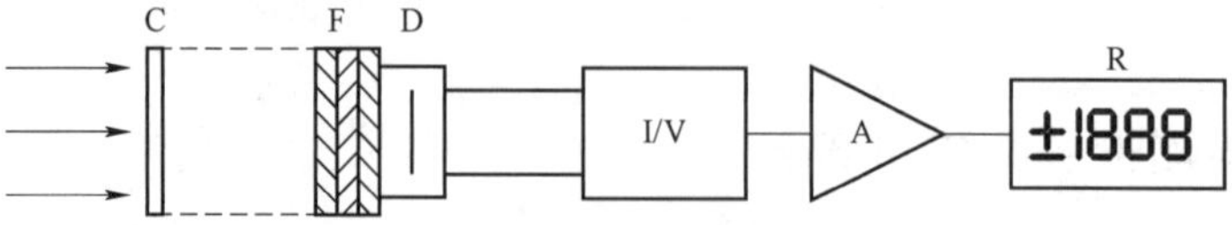

图2-2 照度计原理示意图

3. 探测器类型

目前普通照度计的探测器基本上采用硅光电器件,而弱光照度计的探测器多采用光电信增管。

二、灰度卡和 Jaeger 测试表

1. 灰度卡和 Jaeger 测试表的用途

灰度卡和 Jaeger 测试表是用来测试目视检测分辨率的重要器具。

2. 灰度卡和 Jaeger 测试表的结构

(1) 灰度卡:在反射率为 18%的中性灰度纸板上画有不同宽度的黑线(如宽度为 0.8、0.6、0.4、0.2 mm 的黑线),见图 2-3。

(2) Jaeger 测试表:在白色的纸上,有大小(高度)不同的英文字母,见图 2-4。

采用 RSE-M、RCC-M 规范、ASME 规范第Ⅴ卷进行目视检测时,检测设备的最小分辨力应能在工作条件下分辨出在反射率为 18%的灰度背景上宽度为 0.8 mm 的黑线。

采用 ASME 规范第Ⅺ卷,在役检查时的目视检测,检测设备系统至少应能在 610 mm 处(VT-1 检测)分辨出 Jaeger 测试表上 J4 字母(字母高度 1.1 mm)和在 1 200 mm 处(VT-3 检测)分辨出 Jaeger 测试表上 J10 字母(字母高度 2.7 mm)。

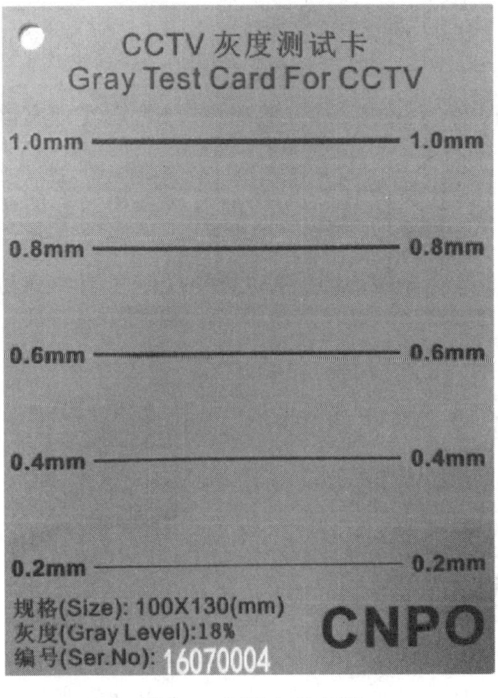

图 2-3　灰度卡示意图

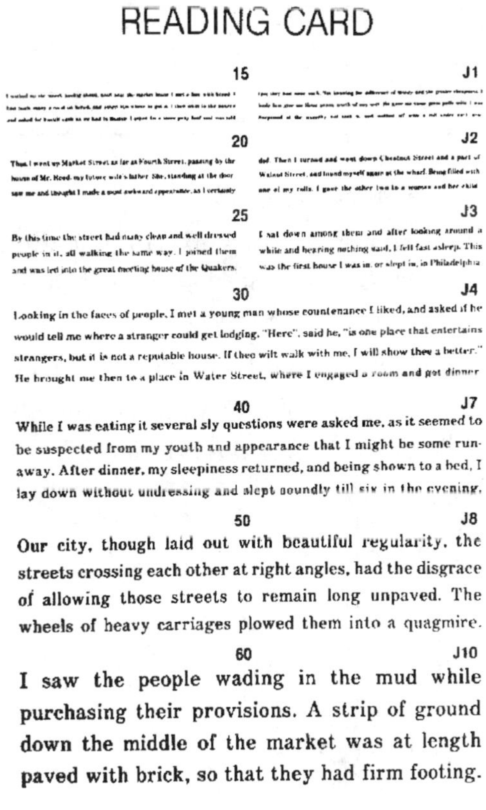

图 2-4　Jaeger 测试表示意图

三、图像记录设备

目视检测的图像记录设备有照相机、摄像机、录像机、硬盘、光盘等。

第六节 焊接检验尺和高度尺

一、焊接检验尺

1. 焊接检验尺的组成、测量范围、技术参数

焊接检验尺(焊缝检验尺)主要由主尺、高度尺、咬边深度尺和多用尺四部分组成,见图 2-5。它是一种多用途检验尺,用来检测焊件的各种角度和焊缝高度、宽度,焊接装配间隙以及焊缝咬边深度等。60 型焊接检验尺的用途,测量范围、技术参数见表 2-1。

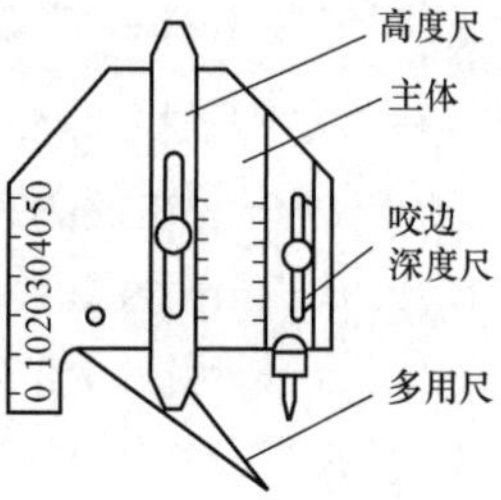

图 2-5 焊缝检验尺

表 2-1 60 型焊接检验尺的用途、测量范围、技术参数

测量项目		范围	示值允差	测量项目	范围	示值允差
高度	平面高度	0～15 mm	0.2	宽度	0～60 mm	0.3
	角焊缝高度	0～15 mm	0.2	焊件坡口角度	≤160°	30′
	角焊缝厚度	0～15 mm	0.2	焊缝咬边深度	0～5 mm	0.1
	—	—	—	间隙尺寸	0.5～6 mm	0.1

2. 焊接检验尺的使用

(1) 余高测量:测量焊缝余高,首先把咬边深度尺对准零位,并紧固螺丝,然后滑动高度尺与焊缝余高接触,高度尺示值,即为焊缝余高,见图 2-6。

(2) 宽度测量:测量焊缝宽度,先用主体测量角靠紧焊缝一边,然后旋转多用尺的测量角靠紧焊缝的另一边,读出焊缝宽度示值,见图 2-7。

(3) 测量错边量:测量错边量,先用主尺靠紧焊缝一边,然后滑动高度尺使之与焊缝另一边接触,高度尺示值即为错边量,见图 2-8。

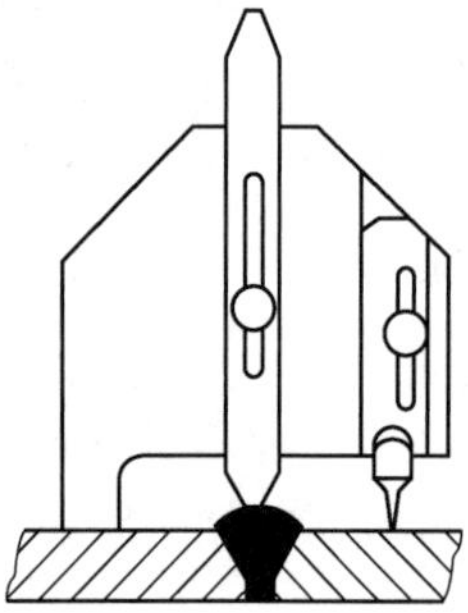

图 2-6 余高测量

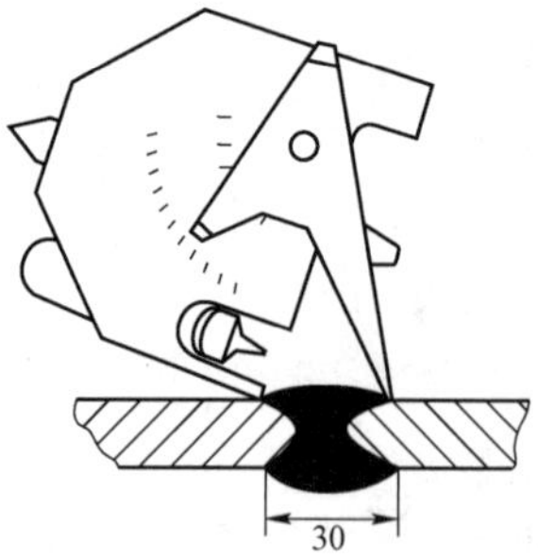

图 2-7 宽度测量

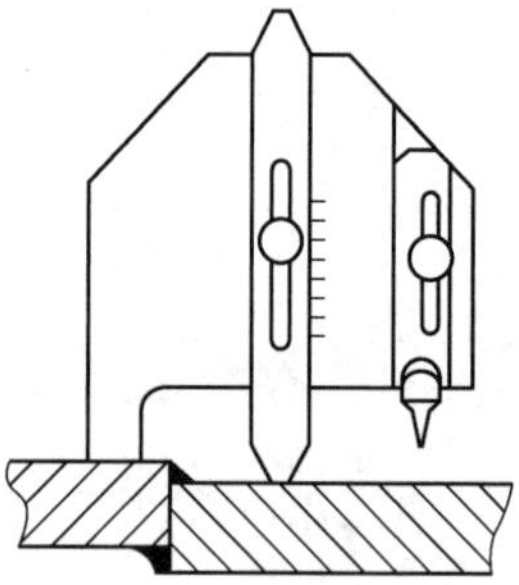

图 2-8 错边测量

(4) 焊脚高度测量:测量角焊缝焊脚高度,用尺的工作面靠紧焊件和焊缝,并滑动高度尺与焊件的另一边接触,高度尺示值即为焊脚高度,见图 2-9。

(5) 焊喉测量:角焊缝焊喉测量,把主尺的工作面与焊件靠紧,并滑动高度尺与焊缝接触,高度尺示值即为角焊缝焊喉,见图 2-10。

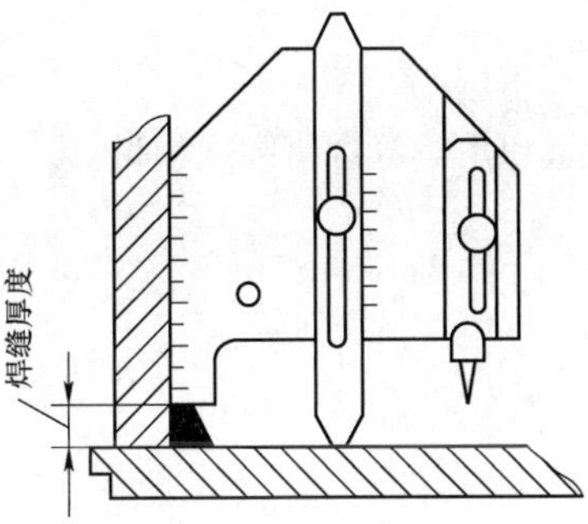

图 2-9　焊脚高度测量

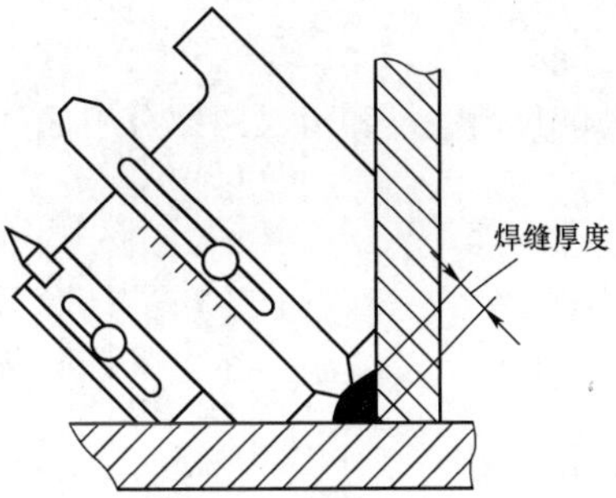

图 2-10　焊喉测量

(6) 咬边深度测量

1) 平面咬边深度测量：先把高度对准零位并紧固螺丝，然后使用咬边深度尺，测量咬边深度，见图 2-11。

2) 圆弧面咬边深度测量：先把咬边深度尺对准零位紧固螺丝，把三点测量面接触在工件上(不要放在焊缝处)，锁紧高度尺。咬边深度尺松开，将尺放于测量处，活动咬边深度尺，其示值即为咬边深度，见图 2-12。

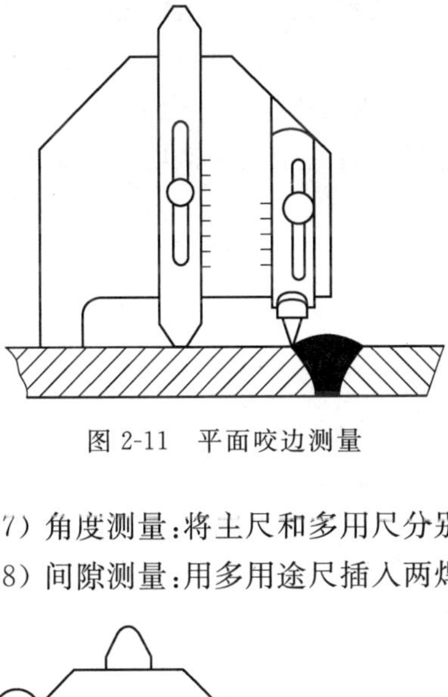

图 2-11　平面咬边测量

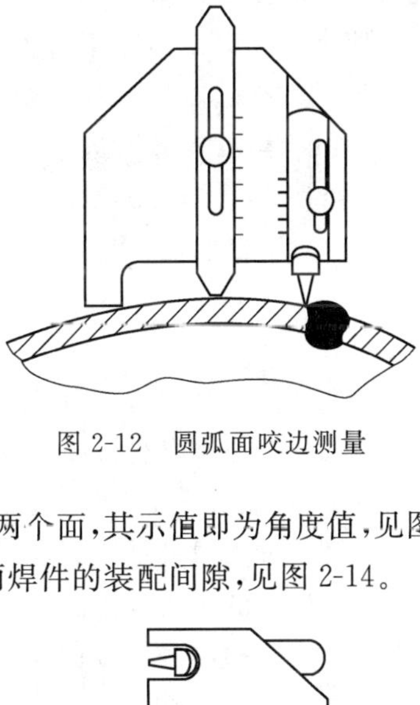

图 2-12　圆弧面咬边测量

(7) 角度测量：将主尺和多用尺分别靠紧被测角的两个面，其示值即为角度值，见图 2-13。

(8) 间隙测量：用多用途尺插入两焊件之间，测量两焊件的装配间隙，见图 2-14。

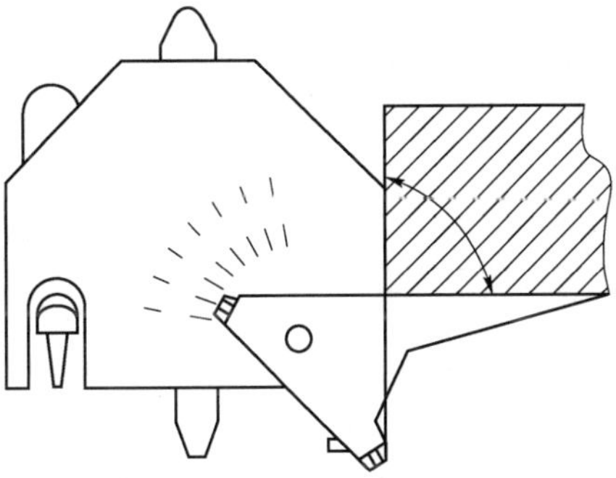

图 2-13　角度测量

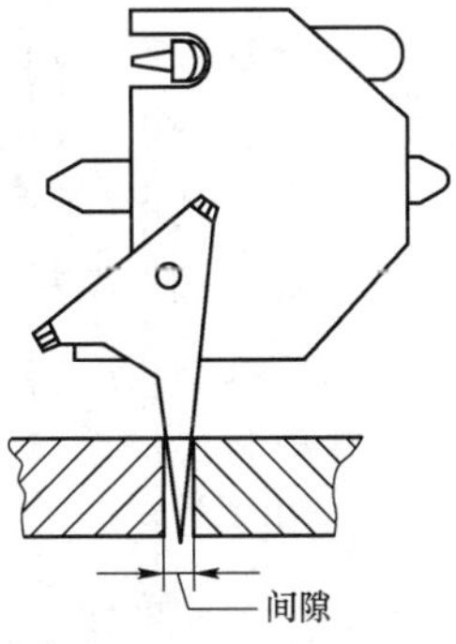

图 2-14　间隙测量

二、高度尺

高度尺由主尺和滑尺两部分组成，用于焊缝余高测量和角焊缝焊脚高度测量，见图 2-15。

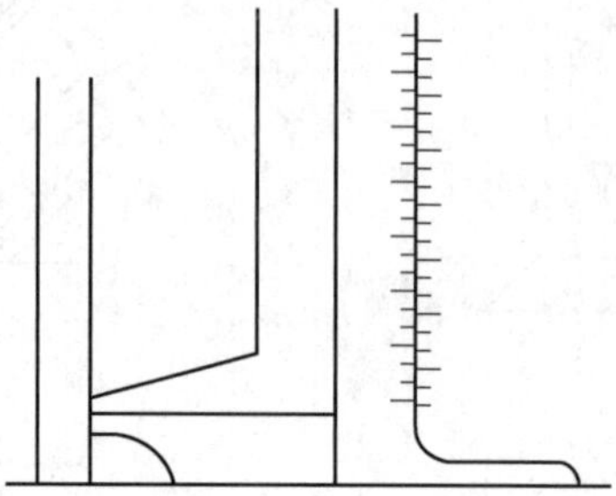

图 2-15 高度测量

第七节 设备的校验与周期

对于目视检测而言，检测设备和器材的定期校验是非常重要的。根据我国计量法的规定，量值可溯源的测量设备，应由具备法定计量单位进行鉴定，出具鉴定合格证书，方可进行量值测量，鉴定周期通常为每年一次。目视检测中使用的测量工具卷尺、直尺、游标卡尺、百分表、千分尺、螺纹规、塞尺、焊缝检验尺等。这些工具都是用来对被检物的长度、厚度、间隙、平行度、深度、角度等参数进行定量测量，应定期送检。目视检测中使用的校验工具照度计、灰度卡、Jaeger 测试表，作为检测时的校验基准，应定期送检。

思考题

1. 光源的种类及其特点是什么？
2. 光源选择的原则是什么？
3. 简述反光镜、放大镜、望远镜的构造及其应用场合。
4. 反光镜的种类及其特点是什么？
5. 视频内窥镜的组成，特点及其使用要求是什么？
6. 影响内窥镜检测的主要因素是什么？
7. 电视检测设备的应用场合及组成是什么？
8. 照度计的作用、基本组成及其校验周期是什么？
9. 灰度卡和 Jaeger 测试表的用途是什么？
10. 图像记录介质的种类有哪些？
11. 简述焊缝检验尺的组成、测量范围和使用。
12. 高度尺的组成和用途是什么？
13. 设备的校验周期和鉴定规定是什么？

第三章　目视检测方法

第一节　目视检测方法

一、目视检测方法分类

目视检测方法可分为直接目视检测和间接目视检测两大基本方法。

1. 直接目视检测

直接目视检测是指直接用人眼，对试件进行检测。在进行直接目视检测时，应当能够充分靠近被检试件，使眼睛与被检试件表面不超过 610 mm，眼睛与被检表面所成的夹角不小于 30°，在检测中可利用反光镜来改善观察角度，并可使用放大镜辅助观察。

检测区域应有足够的照明条件，一般检测时，至少要有 500 lx 的光照强度，但不能有影响观察的刺眼反光，特别是对光泽的金属表面进行检测时，不应使用直射光，而要选用具有漫散射特性的光源，建议光照强度不应大于 2 500 lx。对于必须仔细观察或发现异常情况，需要作进一步观察和研究的区域则至少要保证有 1 000 lx 以上的光照强度。

为了达到最佳的检测效果，还应考虑优化光源色温、改善入射光线角度等。

直接目视检测应能保证在与检测环境相同的条件下，清晰地分辨出 18%中性灰色卡上面宽度等于 0.8 mm 的细线。

2. 间接目视检测

无法直接进行观察的区域，可以辅以各种光学仪器或设备进行间接观察，如使用反光镜、望远镜、内窥镜、照相机或其他合适的仪器进行检测。我们把不能直接进行观察而借助于光学仪器或设备进行目视观察的方法称为间接目视检测。间接目视检测必须至少具有直接目视检测相当的分辨能力。

在实际工作中，有些区域，既无法进行直接目视检测，又无法使用普通光学设备进行间接目视检测，甚至这些区域附近工作人员无法较长时间停留，或根本无法接近。例如对核电厂蒸汽发生器一次侧管板进行目视检测时，由于附近区域放射性剂量相当高，人在这样的区域长时间工作是不适合的；又例如对反应堆压力容器内壁、接管段等进行目视检测时，由于环境放射性剂量相当高，而且反应堆压力容器中又充满了水，人根本无法靠近。因此，必须使用专用的机械装置加光学设备对这些设备进行目视检测。我们把使用特殊的机器装置加光学设备，人在相对远和安全的地方通过遥控技术对试件进行目视检测的技术称为遥控目视检测技术。遥控目视检测技术属间接目视检测技术。当然，遥控目视检测同样必须至少具有与直接目视检测相当的分辨能力。

3. 目视检测类别

依据 ASME 标准，根据检测对象和目的的不同，将目视检测分为 3 个类别，分别为

VT-1、VT-2、VT-3。

(1) VT-1(第一类目视检测)

VT-1 用于确定所检测的零件、部件或表面的状况,包括裂纹、磨蚀、腐蚀、浸蚀或零部件上的物理损害。

VT-1 目视检测时,可以采用直接目视检测技术,也可以采用间接目视检测技术。

(2) VT-2(第二类目视检测)

VT-2 目视检测用于在进行系统压力试验或系统功能试验时测出受压设备的漏迹位置,测定带有或不带有泄漏收集系统的设备上的异常漏迹位置。

VT-2 目视检测时,一般采用直接目视检测技术。

(3) VT-3(第三类目视检测)

VT-3 目视检测用于确定设备及其支承件的总体机械和结构状况,如间隙、紧固、实体位移;检测不连续性和缺陷,如螺栓或焊接连接处的完整性损害、零件松动或丢失、碎片、腐蚀、磨蚀或浸蚀。VT-3 包括会影响阻尼器、恒载荷和弹簧类型支承满足可运行性和功能要求的条件检测。

VT-3 目视检测时,可以采用直接目视检测技术,也可以采用间接目视检测技术。

二、目视检测的必要条件

1. 光源和光照度

在目视检测中,光照度是必要条件之一,合适的照明条件是保证目视检测结果正确的前提。由于人眼对不同光的敏感程度不同,不同的光照将产生不同的效果,所以根据检测对象和环境,制定出具体的照度范围是必要的。一般检测时,被检表面至少要有 500 lx 的光照度,而用于检测或研究一些小的异常区时,被检表面则至少要有 1 000 lx 的光照度。用照度计测量被检表面的光照度。光源可以是自然光源(日光),也可以是人工光源,可视具体情况进行选择。

2. 目视检测的分辨率

分辨率取决于光线波长或颜色、光强、背景反差等综合因素,使用灰卡进行确认。

人眼与被检表面的距离不大于 610 mm,与被检表面夹角不小于 30°,自然光源或人工光源的条件下,能在 18%中性灰度卡上分辨出一条宽度为 0.8 mm 的黑线,作为目视检测必须达到的分辨率。

3. 影响目视检测的因素

影响目视检测的因素包括:照在被检物上光线的波长或颜色、照射角度和物体所处现场的背景颜色、反差、光照度及物体的结构等。

第二节 试件的准备

一、试件的确认

目视检测开始前,首先应根据工作指令对试件进行确认,以防误检和漏检。对于大批量试件应核对批号和数量；对于单件小批量试件应核对试件编号或其他识别标识；对于容器类设备核对铭牌。

二、试件的表面清理

1. 目的

目视检测是基于缺陷与本底表面具有一定的色泽差和亮度差而构成可见性来实现的。因此，当被检件表面有影响目视检测的污染物时，必须将这些污染物清理干净，以达到全面、客观、真实地观察目的。

2. 污染物类别

表面需清理的污染物分为固体污染物和液体污染物二大类。固体污染物有：铁锈、氧化皮、腐蚀产物；焊接飞溅、焊渣、铁屑、毛刺；油漆及其他有机防护层。液体污染物有：防锈油、机油、润滑油及含有有机组分的其他液体；水和水蒸发后留下的水合物。

3. 清除方法

清除污染物的方法分别为机械方法、化学方法和溶剂去除方法。

(1) 机械方法有：抛光、干吹砂、湿吹砂、铜丝刷、砂皮砂等。抛光适用于去除试件表面积碳、毛刺等。干吹砂适用于去除氧化皮、熔渣、铸件型砂、模料、喷涂层积碳等。湿吹砂用于清除沉积物比较轻微的情况。钢丝刷、砂皮砂适用于除去较疏松的氧化皮，熔渣、铁屑、铁锈等。

(2) 化学方法有：碱洗和酸洗。碱洗适用于去除锈、油污、积碳等，多用于铝合金。强酸溶液用于去除严重的氧化皮，中等酸度的溶液用于去除轻微氧化皮，弱酸溶液用于去除试件表面铬层金属。

(3) 溶剂去除方法有：溶剂液体清洗和溶剂蒸汽除油。溶剂液体清洗通常用酒精、丙酮、三氯乙烷等溶剂清洗或擦洗，常用于大部件局部区域的擦洗。

4. 原材料和焊缝表面准备

(1) 铸件

铸件加工完成后应经过表面清砂、修整、打磨光滑、表面清洁等处理手段，方可进行目视检测。

(2) 锻件

锻件表面应没有氧化皮或者妨碍目视检测的其他不洁物，可以用砂皮进行磨光处理，也可用钢丝刷进行清理，当然也可将两种方法混合使用以达到最适合的观察条件。用吹砂清理锻件表面是可以的，但必须防止吹得过重，影响表面细裂纹的检测。

(3) 管材

当被检表面上的锈蚀、氧化皮、不规则、粗糙度或污染物形成的不洁度严重到足以掩盖缺陷指示，或者当被检表面上具有涂层时，则须对被检表面进行酸洗或碱洗，喷砂或清洗处理，使表面露出固有色泽，表面清洁和光洁。

(4) 焊缝

被检焊缝表面应没有油漆、锈蚀、氧化皮、油污、焊接飞溅物或者妨碍目视检测的其他不洁物，表面准备还得有助于随后进行的无损检测，表面准备区域包括整条焊缝表面和邻近

25 mm 宽基体金属表面。

对于锈蚀、氧化皮、油漆和焊接飞溅物可用砂皮进行磨光处理，也可以用砂轮机进行打磨处理；对于油污污染物等可以用溶剂进行表面清洗，以达到可以进行目视检测的条件。

第三节 图像记录

一、记录介质的分类

记录介质一般分为纸质记录、照片记录、录像记录、腹膜记录、光盘记录、硬盘记录等多种方法。

二、记录介质的应用

1. 纸质记录

这是一种最常用的方法，适用于各种不同的场合，通过观察对发现的问题用文字描述结合绘制简图的方法进行记录。常用于单件试件的直接目视检测，具有成本低、经济性好的特点，但是对图像的记录不够直观、准确，只能绘制形状较为简单的试件和缺陷。

2. 照片记录

使用普通照相机或数码照相机对观察发现的问题进行拍摄，记录在感光胶片上，通过冲洗得到便于观察的照片或记录在存储介质上，通过计算机屏幕观察，也可以与普通感光胶片一样冲洗成照片后，进行观察分析。照相记录具有图像清晰直观、真实、成本低、经济性好等特点。但是有时受环境、背景的影响较难一次全面记录缺陷。

3. 录像记录

使用普通摄像机或数码摄像机对观察发现的问题进行拍摄或对整个检测区域进行拍摄，记录在磁带或储存器上，然后通过放录系统重现所摄图像，其具有图像清晰、直观、真实等特点，但是使用摄像机要有较高的专业技能，否则所摄图像容易产生抖动、模糊等现象。

4. 腹膜记录

使用特种材料如橡皮泥、胶状树脂等对缺陷进行腹膜，适用于记录表面不规则类缺陷，其记录的腹膜与真实缺陷凹凸相反，大小相同，有助于缺陷大小深度精确测量和永久保存。使用腹膜记录对操作者有较高的要求，揭膜时必须小心以防腹膜损坏。

思考题

1. 目视检测方法有哪几种？适用场合，应达到的分辨率是什么？
2. 什么是 VT-1、VT-2、VT-3？
3. 目视检测的必要条件是什么？
4. 目视检测的分辨率要求有哪些？
5. 简述试件的表面准备要求、污染物类别及清除方法。
6. 目视检测方法有哪几种？适用场合，应达到的分辨率是什么？

第四章　核设备目视检测

第一节　金属材料的目视检测

金属材料是核设备中最常用的材料。这里所说的材料主要指金属冶炼制成的铸锭经金属压力加工(轧制、锻造、挤压、冷拔、冲压)或铸造生产出来的锻件、板材、铸件、管材等。

一、铸锭的目视检测

1. 铸锭中常见的缺陷

液态金属注入锭模经冷却后就形成铸锭。铸锭中常见的缺陷有裂纹、缩管(缩孔)、疏松、气孔和夹杂物等。

2. 铸锭的目视检测要求

铸锭的目视检测,一般在铸锭清砂或出坯切掉冒口后进行,尽快检测出主要缺陷,以便采取改正措施,提高铸锭的合格率。铸锭目视检测的内容,主要是外观质量和尺寸检测。所有能通过肉眼直接观察到的表面缺陷,应在铸锭表面做出标记或记录,作为进一步检测的依据,或者用作对铸锭的质量评定。

二、锻件的目视检测

1. 锻件中常见的缺陷

锻件中常见的缺陷有裂纹、折叠、白点、夹杂等。

2. 锻件的目视检测要求

锻件的目视检测,一般都是在锻件成形后立即进行,尽快检测出主要缺陷,以便采取改正措施,提高产品的合格率。目视检测的内容主要是外观质量检测和尺寸测量。所有能通过肉眼直接观察到的表面缺陷,应在锻件表面做出标记或记录,作为进一步检测的依据,或者用作对锻件的质量评定。

锻件的几何尺寸可用游标卡尺、高度尺、刻度量具、样板等测量器具,根据图纸上标注的尺寸进行检测。

所有观察和测量结果应记录,并形成正式报告,以便客观、真实地反应锻件产品的质量,为后续加工提供依据。

三、板材的目视检测

1. 板材中常见的缺陷

根据材质不同,板材分为钢板、铝板、铜板等。实际生产中钢板应用最为广泛,因此,以钢板为例介绍钢板中的常见缺陷。

钢板中常见的缺陷有裂纹、折叠、分层、白点等。

2. 钢板的目视检测要求

钢板一般都是采购产品，进厂前有厂方出具的产品合格证明文件，但钢板入厂验收检测也是非常必要的和有现实意义的。钢板目视检测最常用的方法是用肉眼观察，检测钢板的表面缺陷和表面光洁情况，对缺陷部位做出标记或记录，作为后道工序的依据。同样观察结果应记录，形成正式报告。

四、铸件的目视检测

1. 铸件中的缺陷

铸件中常见的缺陷有气孔、缩孔、疏松、裂纹、冷隔、夹杂等。

2. 铸件的目视检测要求

铸件的目视检测，一般都是在铸件清砂或出坯切掉冒口后立即进行，尽快检测出主要缺陷，以便采取改正措施，降低废品率，这对于大批量生产的铸件有很大的经济意义。目视检测的内容，主要是外观质量和尺寸检测。所有能通过肉眼直接观察到的表面缺陷，应在铸件相应表面做出标注或记录，作为进一步检测的依据，或者用作对铸件的质量评定。

除直接观察外，还可根据具体情况和技术条件，使用内窥镜对铸件内腔进行检测。

对于铸件尺寸，无论是毛坯还是机加工件，应根据图纸上的标记尺寸进行测量，通常采用的测量器具有游标卡尺、千分尺、高度尺、刻度量具、样板等。

所有观察和测量结果应记录，并形成正式报告，以便后续工作的开展和客观、真实反映铸件产品的质量。

五、管材的目视检测

1. 管材中常见的缺陷

管材种类很多，按材料可分为黑色金属管、有色金属管、非金属管等，按制造方法可分为锻制管、铸造管、热轧管、冷轧管、热拔管、冷拔管、热挤压管、冷挤压管、焊接管、复合管等，也可简单分为无缝管和有缝管。管材中常见的缺陷由于管材的制法不同，缺陷种类亦有所不同。

(1) 铸造管中常见的缺陷

气孔、缩孔、缺肉、裂纹、砂眼。

(2) 锻、轧、拉和挤压管中常见的缺陷

起皮、管端分层、折叠、划痕、凹坑、结疤、鳞皮、裂纹及其他缺陷。

(3) 焊接管中常见的缺陷

焊接管是用板材卷板后焊接而成的一种管材，焊缝的表面缺陷和板材的表面缺陷在焊接管中都能发现。

2. 管材的目视检测要求

(1) 直接目视检测

凡是视线可直接到达的各种管的外表面、端面以及口径大到容许检测人员进入的内表面，均可首选直接目视检测。对于肉眼不能分辨的微细缺陷或需要进一步分析形貌特征的缺陷和空间有限不允许以明视距离观察的管材可以借助放大镜进行观察。

(2) 间接目视检测

小口径管内表面，由于人眼视力不可达，可借助视频内窥镜等检测设备对被检管内表面进行检测。

第二节　焊接件的目视检测

一、焊接件中常见的缺陷

金属材料在焊接过程中，由于材料性能、焊接工艺、温度等原因，会产生各种缺陷，这些缺陷大致可分为：裂纹、气孔、夹渣、未熔合和未焊透、形状和尺寸不良、其他缺陷等六类。

1. 裂纹

裂纹按产生的部位可分为熔合线裂纹、根部裂纹、弧坑裂纹和热影响区裂纹；按裂纹延伸方向可分为纵向裂纹、横向裂纹、辐射裂纹和枝状裂纹；按产生的温度可分为热裂纹、冷裂纹和再热裂纹。

(1) 纵向裂纹：裂纹与焊缝轴线基本平行，通常位于焊缝、熔合线、热影响区、母材等部位，见图 4-1、图 4-2。

(2) 横向裂纹：裂纹与焊缝轴线基本垂直，通常位于焊缝、热影响区、母材等部位，见图 4-1。

(3) 辐射裂纹：呈辐射状的裂纹，通常位于焊缝、热影响区、母材等部位，有时也将此类缺陷称作星形裂纹，见图 4-1。

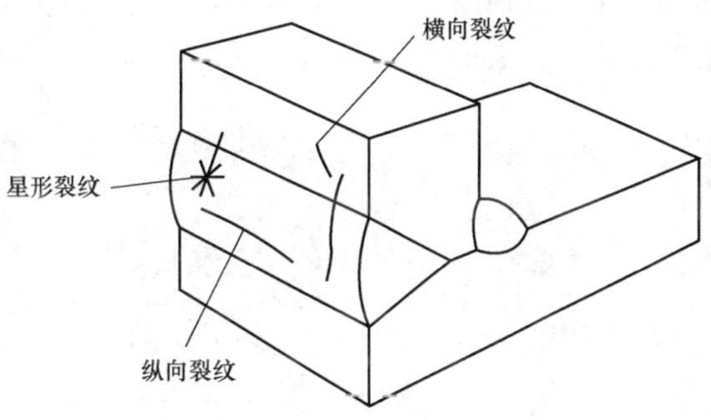

图 4-1　焊缝裂纹

(4) 弧坑裂纹：焊缝末端弧坑中的裂纹，通常呈纵向、横向、星形状，见图 4-1、图 4-3。

(5) 裂纹群：一群不连续的裂纹，通常位于焊缝、热影响区、母材等部位。

(6) 枝状裂纹：起源于一条公共裂纹而又相互连接的一组裂纹，不同于不连续的裂纹和辐射裂纹，通常位于焊缝、热影响区、母材等部位。

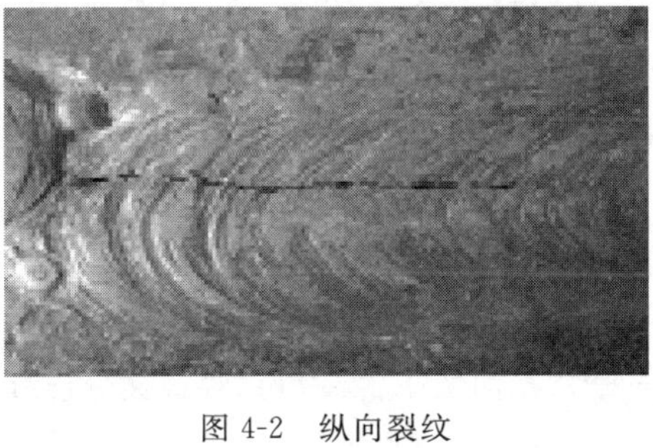

图 4-2　纵向裂纹

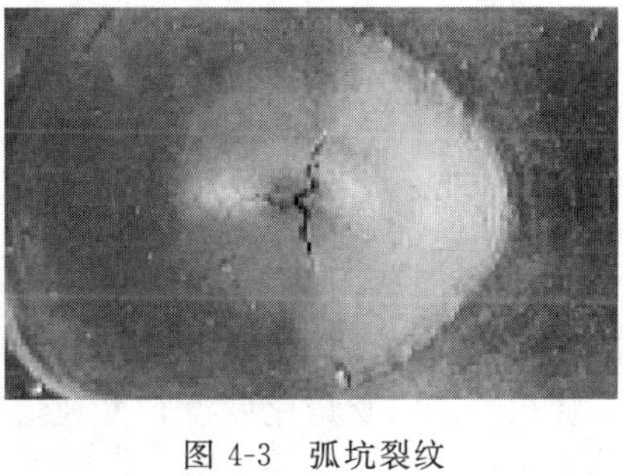

图 4-3　弧坑裂纹

2. 气孔

气孔是指焊接时熔池中的气体未在金属凝固前逸出,残存于焊缝中所形成的空穴。气体可能是由熔池从外界吸收的,也可能是焊接冶金过程中反应生成的。在焊缝表面破裂的小气孔称为表面气孔,见图 4-4、图 4-5、图 4-6。

图 4-4 单个气孔

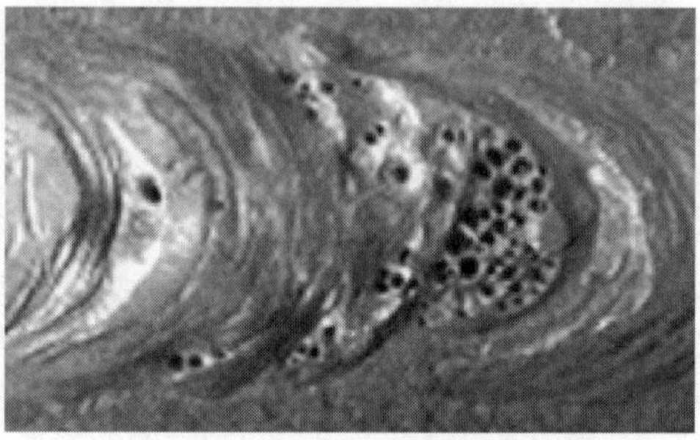

图 4-5 局部密集气孔

3. 夹渣

夹渣是指焊后熔渣残存在焊缝中的现象。夹渣分金属夹渣和非金属夹渣。在焊缝表面形成的夹渣称为表面夹渣,见图 4-7。

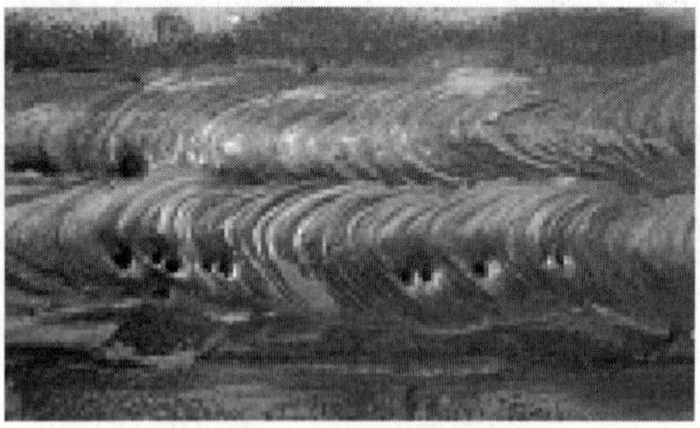

图 4-6 链状气孔

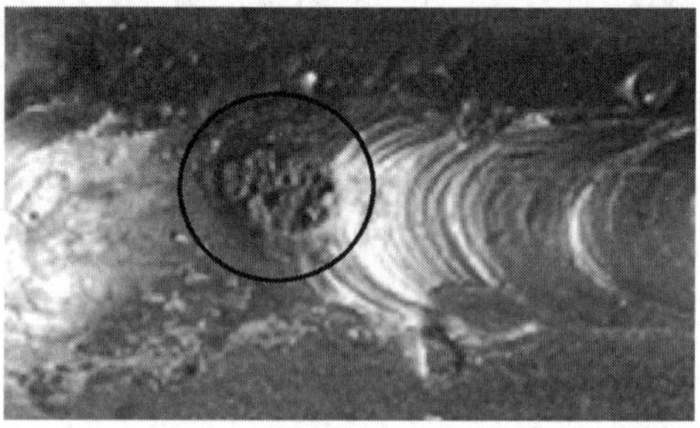

图 4-7 夹渣

4. 未熔合和未焊透

(1) 未熔合:未熔合是指焊缝金属与母材金属,或焊缝金属之间未熔化结合在一起的缺陷。按所在位置未熔合可分为坡口未熔合、层间未熔合和根部未熔合三种,见图 4-8。坡口未熔合和根部未熔合在焊缝表面时可以通过目视检测的方法进行检测。

(2) 未焊透:未焊透是指母材金属未熔化,焊接金属没有进入接头根部的缺陷,见图 4-9。单面焊未焊透可采用目视检测方法进行检测。

5. 形状和尺寸不良

包括咬边、焊瘤、成形不良、错边、角度偏差、凹坑、烧穿、塌陷、未焊满等。

(1) 咬边:咬边是指沿着焊趾,在母材部分形成的凹陷或沟槽,见图 4-10。它是由于电弧将焊缝边缘的母材熔化后没有得到熔敷金属的充分补充而留下的缺口。咬边又分连续咬边和局部咬边两种。

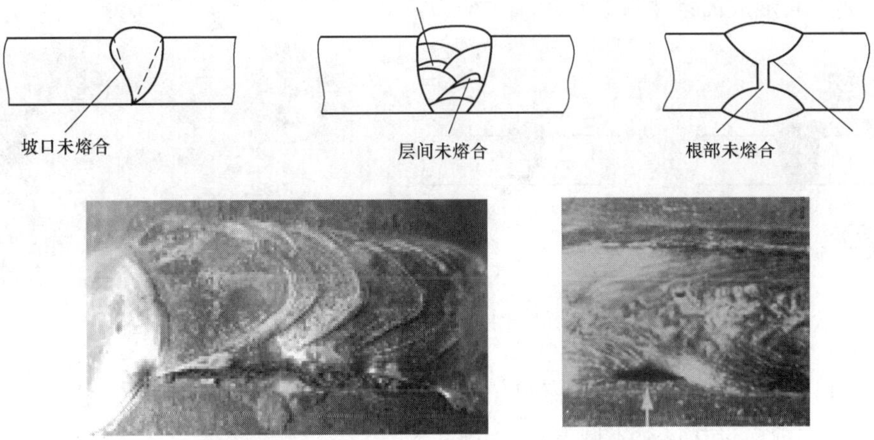

图 4-8　未熔合

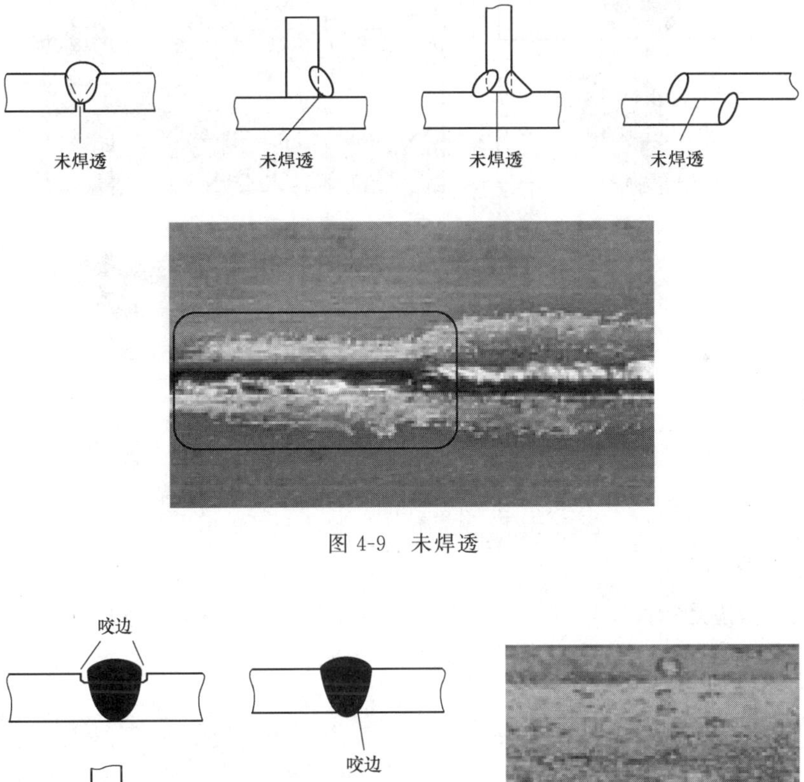

图 4-9　未焊透

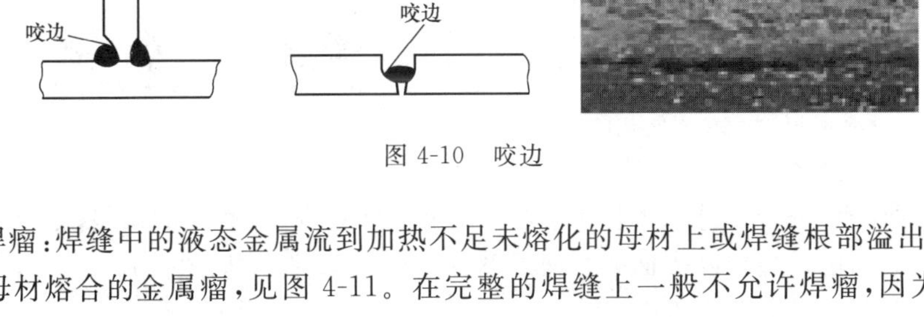

图 4-10　咬边

(2) 焊瘤：焊缝中的液态金属流到加热不足未熔化的母材上或焊缝根部溢出，冷却后形成的未与母材熔合的金属瘤，见图 4-11。在完整的焊缝上一般不允许焊瘤，因为焊缝凸起与基体金属之间形成的沟槽容易产生集中应力。

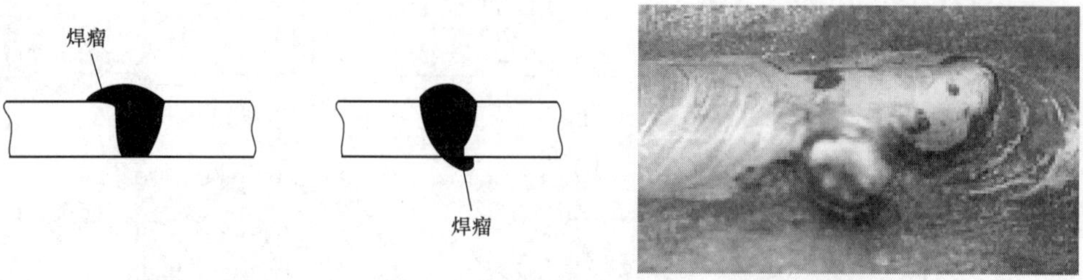

图 4-11 焊瘤

(3) 成形不良:指焊缝的外观几何尺寸不符合要求。有焊缝宽度不齐、表面不光滑、焊缝余高超高、焊缝向母材过渡不圆滑等,见图 4-12。

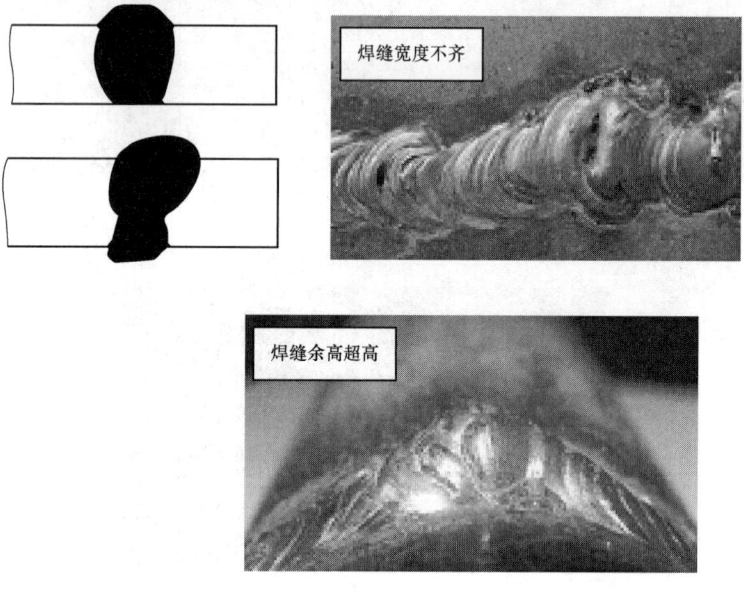

图 4-12 成形不良

(4) 错边:错边是指两个工件在厚度方向上错开一定的位置,见图 4-13。

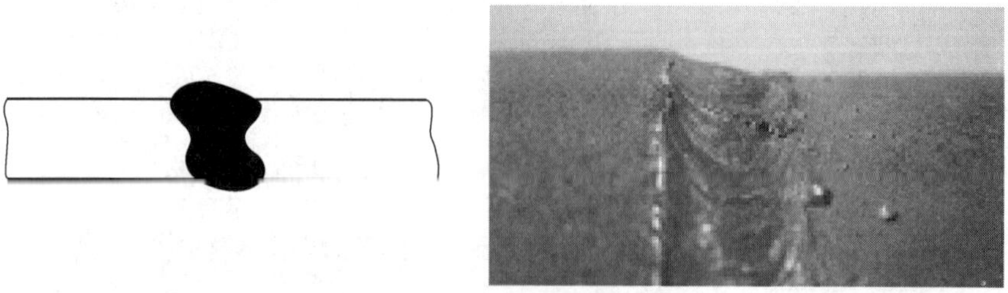

图 4-13 错边

(5) 角度偏差:两个焊件未平行(或未按规定角度对齐)而产生的偏差,见图 4-14。

(6) 凹坑:凹坑是指焊缝表面或背面局部低于母材的部分,见图 4-15。

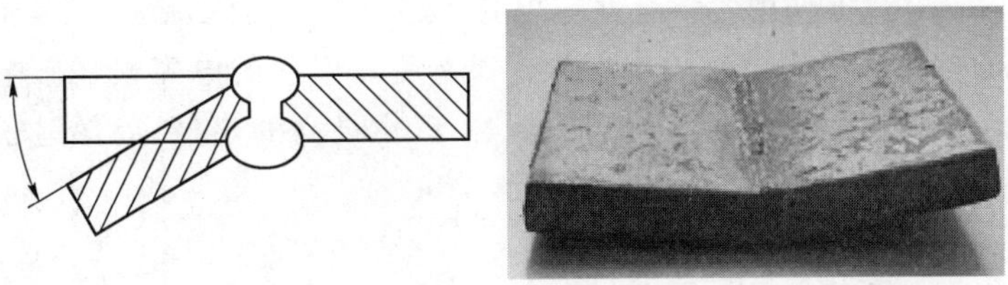

图 4-14　角度偏差

(7) 烧穿：烧穿是指焊接过程中，熔深超过工件厚度，熔化金属自焊缝背面流出，形成穿孔性缺陷，见图 4-16。

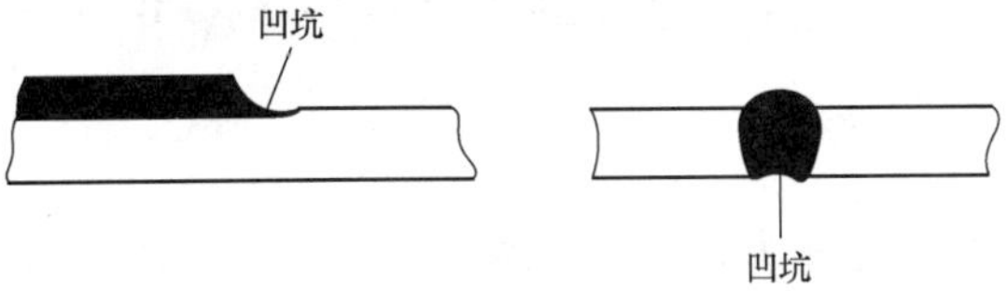

图 4-15　凹坑

图 4-16　烧穿

(8) 塌陷：单面焊时由于输入热量过大，熔化金属过多而使液态金属向焊缝背面塌落，形成后焊缝背面突起，正面下塌，见图 4 17。

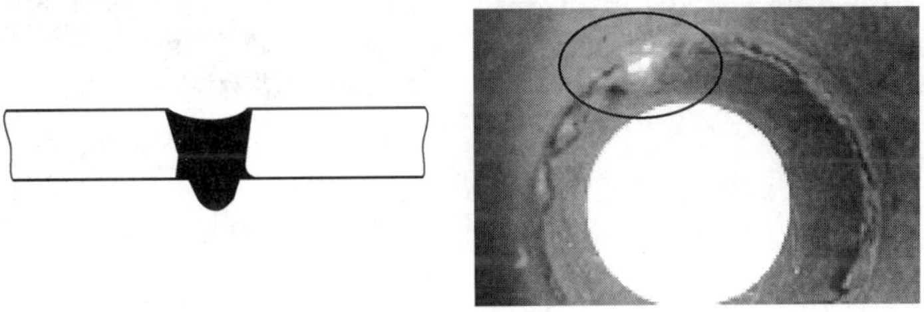

图 4-17　塌陷

(9) 未焊满：因焊接填充金属堆敷不充分，在焊缝表面产生纵向连续或间断的沟槽，见图 4-18。

图 4-18　未焊满

6. 其他缺陷

包括电弧击伤、飞溅、凿痕、工具损伤等。

(1) 电弧击伤：电弧击伤由基体金属或焊缝非迅速加热，且随后熔融金属的迅速冷却而引起，基体金属的熔化和填充金属的堆积往往伴有电弧引起的电弧击伤。电弧击伤也可能由于电焊时地线夹子连接不当引起，电弧击伤时，产生极高的热量，局部地区造成了高硬度和裂纹，见图 4-19。

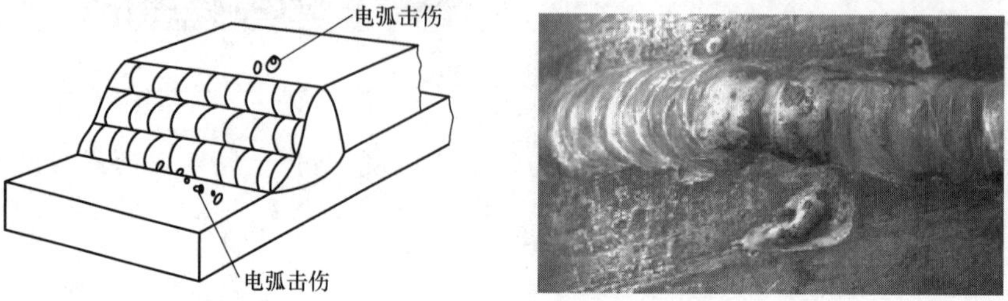

图 4-19　电弧击伤

(2) 飞溅：焊接(或在焊缝金属凝固)时，焊缝金属或填充材料崩溅出的颗粒，见图 4-20。

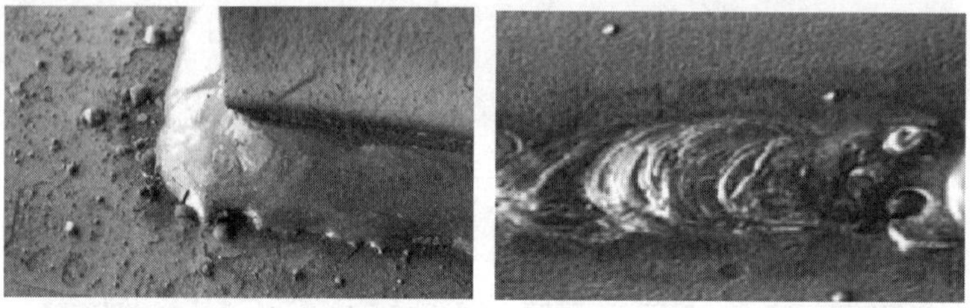

图 4-20　飞溅

(3) 凿痕：使用扁铲或其他工具造成的表面损坏，见图 4-21。

(4) 工具损伤：使用打磨工具或其他工具造成的表面损坏，见图 4-22。

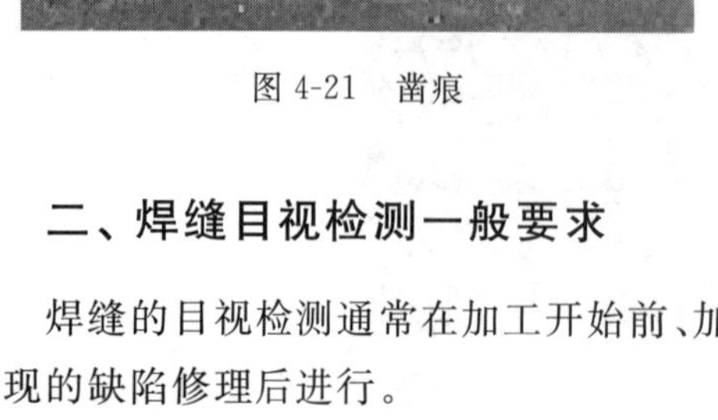

图 4-21　凿痕

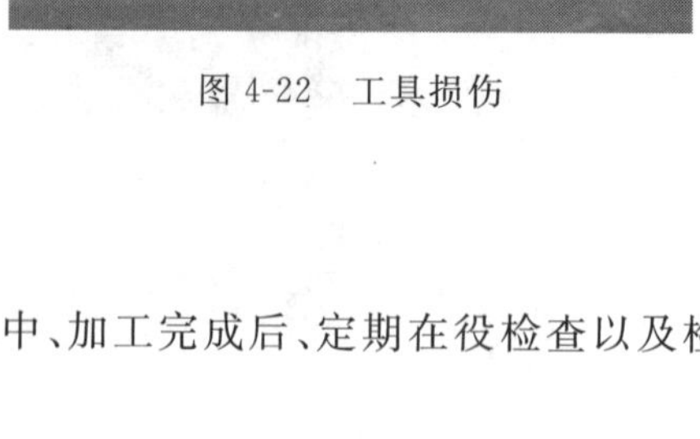

图 4-22　工具损伤

二、焊缝目视检测一般要求

焊缝的目视检测通常在加工开始前、加工过程中、加工完成后、定期在役检查以及检测发现的缺陷修理后进行。

焊缝目视检测应按照认可文件(如检测规程、工艺流程卡等)的规定实施。这些文件应包括的内容参见第五章目视检测通用工艺规程和工艺卡。

目视检测实施前，必须准备如下基本设备：人工光源、反光镜、放大镜、直尺、焊缝检验尺等。检测区域应无任何影响检测观察和评定的异物。除非另有规定,被检表面一般应无锈蚀、油脂、油漆等覆盖物。表面准备应有助于随后的无损检测。

被检区域可接近时,采用直接目视检测。如果检测人员不可接近,或距离上可接近,但检测人员可能受到伤害,应进行间接目视检测。

第三节　设备制造、安装阶段的目视检测

核设备中涉及的零部件、设备、管道等可以通过冲压、铸造、锻造等工艺制成,也可以由材料经焊接、机加工或装配而成,或者可以由多种工艺组合生产而成。在制造安装过程中往往需要进行机加工、热处理等工艺手段。所有这些工艺过程都可能由于控制不当而产生各类宏观缺陷。

一、制造、组装工艺中的常见缺陷

制造、组装工艺中有下列常见缺陷:

(1) 冲压加工的常见缺陷有裂纹、皱褶。

(2) 铸造、锻造、焊接的常见缺陷有裂纹、缩孔、疏松、气孔、夹杂、折叠、白点、夹渣、未熔合和未焊透等。

(3) 切削加工的常见缺陷有表面粗糙、裂纹、划伤、拉毛、烧伤等。

通常,可通过目视检测评估切削加工件的表面粗糙度和表面异常状况,但目视检测感知的被检件表面粗糙度是极为粗略的,只有采用表面粗糙度对比块、表面粗糙度测量仪才能得到更精准的表面粗糙度值。对于表面裂纹(主要是磨削裂纹),精细的目视检测才能发现,一般需借助放大镜在合适的光照环境下进行观察。对于加工表面的划伤、拉毛、烧伤等异常,目视检测较易发现。

磨削加工时,表面划伤、拉毛,可能是由于砂轮磨粒脱落、砂粒太软等原因引起;表面粗糙度过大可能是由于磨削速度过低、进给速度过快、被加工材料太软或太脆等原因引起;磨削裂纹可能是材料材质不均,也可能是加工前热处理不当造成残余应力过大,或者可能因磨削过度后被切削液迅速冷却造成残余拉应力过大而形成。磨削裂纹一般比较浅,基本垂直于磨削方向;烧伤可能是因为砂轮太硬、进给量过大造成局部过热而引起,其宏观特征是沿砂轮加工方向的暗黑色斑块或连续、不连续的线条。

(4) 热处理加工

热处理是采用适当的方式对金属材料或工件进行加热、保温和冷却以获得预期组织结构与性能的工艺。热处理通过改变固态下工件的组织来改变工件的性能,而不改变工件的形状。

热处理工艺可能产生的缺陷有变形与开裂、氧化和脱碳、硬度不足与软点、过热和过烧等。除了材料的原始缺陷扩展之外,热处理缺陷由热处理残余应力造成。当热处理残余应力超过材料屈服强度时,便引起工件变形,当超过材料强度极限时会使工件开裂。

二、设备制造阶段的目视检测要求

下面以反应堆压力容器制造为例,介绍设备制造中的目视检测。

1. 设备概况和典型结构

反应堆压力容器是核电站核岛的安全重要设备，属核安全1级设备。

某核电厂反应堆压力容器为立式开口法兰螺栓连接的圆筒形容器，主要由反应堆容器、顶盖、紧固密封件三大部分组成，如图4-23所示。容器内表面堆焊不锈钢。

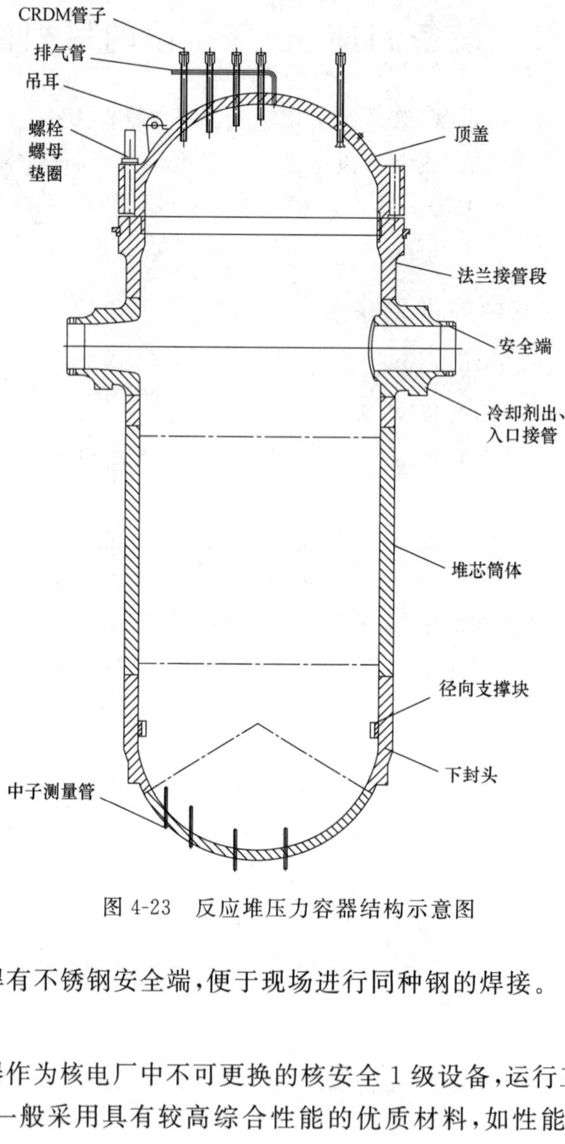

图4-23　反应堆压力容器结构示意图

各接管嘴端部焊有不锈钢安全端，便于现场进行同种钢的焊接。

2. 主要原材料

反应堆压力容器作为核电厂中不可更换的核安全1级设备，运行工况极为恶劣，因此对材料的要求非常高，一般采用具有较高综合性能的优质材料，如性能稳定可靠的16MnD5等锻件。

反应堆压力容器焊接材料涉及低合金钢、不锈钢和镍基合金三大类。

3. 反应堆压力容器制造过程中的目视检测内容

(1) 材料的检测

检测对象主要有钢板、锻件、圆钢、管材、焊接材料等。

(2) 识别标记及其移值的检测

检测内容：标记内容、位置、深度和字体大小等。

(3) 下料的检测

检测内容：尺寸、识别标记及其移植。

(4) 机加工

检测内容：筒体、封头、接管、螺孔、螺栓、螺母及其他零件的成形尺寸，表面质量不连续，粗糙度，毛刺等。

(5) 装配

检测内容：错边、对中、方位、尺寸等。

压力容器制造过程中除采用常规的尺寸检测方法外，在关键装配过程和最终机加工过程中还应采用光学测量技术，测量空间尺寸和形位公差，保证反应堆压力容器的制造质量。

(6) 焊接(包括见证件)

检测内容：焊缝高度、宽度、表面缺陷、成形。

(7) 热处理

检测内容：表面状况、变形。

(8) 水压试验

检测内容：紧固件的预紧力和法兰间的间隙，工件表面状况，焊缝、人孔及接管密封处，变形、泄漏等情况。

(9) 表面处理(油漆、磷化或镀铬)

检测内容：工件表面油漆的颜色、部位和厚度，磷化或镀铬的部位、厚度、表面质量等。

(10) 包装

检测内容：容器包装，散件包装。

4. 检测人员及检测设备器材

(1) 检测人员

检测人员应持有相应资格证书，并对检测对象有充分的了解。

(2) 检测设备器材

1) 光源：日光和人工光源。

2) 辅助观察工具：放大镜、反光镜、内窥镜，用于提高检测的分辨能力，改善观察角度或改善观察条件。

3) 测量工具：卷尺、钢直尺、游标卡尺、螺纹规、塞尺、焊缝检验尺、百分表、千分尺，用于对被检物外形的长度、宽度、厚度、深度、间隙、角度等进行定性和定量测量。

(3) 校验工具

照度计、中性灰卡等。

5. 现场工况和安全防护要求

由于压力容器零组件具有几何尺寸大、重量重等特点，制作现场工作平台一般都是临时搭建，这就给目视检测工作带来了较大的困难，安全防范工作就显得尤为重要。

一般情况下，要有两人相互配合，登上工件前要检查所需要的文件、量具、工具、安全设备是否就位，穿戴是否符合防腐蚀、清洁度要求。容器内壁不锈钢要求防铁素体和清洁度污染。

6. 目视检测的实施与要求

(1) 检测文件的准备

目视检测文件包括目视检测规程和目视检测清单或记录表。目视检测清单或记录表应针对要进行的工作内容编制,应详细列出检测的部位、技术要求或判别依据。

(2) 检测的实施

压力容器制造过程中的各道工序,如机加工、装配、焊接、热处理、打磨、压力试验、表面处理、油漆,包装等,必须严格按照事先编制的检测项目清单逐项进行目视检测,并按各自的评判标准评定。

(3) 出具检测报告

目视检测结束后要及时整理记录,并形成目视检测报告。

(4) 检测重点及常见缺陷

反应堆压力容器产品制造过程中要经历很多道工艺过程,每道制造工序不可避免会产生一些质量缺陷,其中大部分缺陷可通过目视检测发现。

反应堆压力容器目视检测的检测重点及常见缺陷如下:

1) 工件外表面缺陷

工件外表面缺陷包括:产品制造工序转换过程中造成的磕碰损伤;钢板卷制过程中外表面造成的压痕;保存过程不当产生的锈蚀等。

2) 机加工表面缺陷

压力容器形成过程中使用的主要机械加工方法有:车削、刨削、铣削、镗削、磨削。机加工表面缺陷包括:各道机加工过程中形成的表面粗糙、划伤、拉毛、边缘毛刺、表面不连续线条等。

3) 组装缺陷

组装是指将两个工件按照图纸的要求组合在一起形成一定的结构。压力容器由多段筒体组合而成,在筒体不同高度和方位上设置了各种不同用途的接管和附件,所以组装后应检查如下内容并纠正相关缺陷:四中线方位、错边、间隙、工件布局方向、各种接管和附件方位等。

4) 焊接缺陷

焊接过程中,由于受各种因素影响会在焊接接头中产生各种类型的焊接缺陷。一般的焊接表面缺陷有:咬边、气孔、夹渣、未熔合、未焊透、裂纹、焊瘤、表面飞溅、成形不良和凹坑等。

5) 热处理缺陷

组成反应堆压力容器的焊缝及本体采用高强度低合金钢材料,焊后要进行热处理。热处理一般可分为:整体炉内热处理、局部热处理。按加热方法又可分为火焰加热和电加热。由于各种原因在热处理工艺实施过程中可能会产生如下缺陷:过热、过烧、脱碳、氧化、变形、氢脆、裂纹。其中过烧、变形和开裂通过目视检测可以发现。

7. 水压试验过程中的目视检测

水压试验过程中目视检测的内容如下:

(1) 检测法兰密封面,不允许有划痕等缺陷存在;

(2) 检测容器内表面最终清洁度；

(3) 注水同时安装顶盖组件，实现与容器组件的精密装配，注意检测调整顶盖上螺栓孔与容器螺孔的均匀对准；

(4) 逐根吊装旋入主螺栓和主螺母，操作过程中不断测量法兰间的间隙，确保顶盖法兰的均匀压紧；

(5) 在整个泵水管路上按要求设置压力表，检测压力表的安装位置、量程和精度；

(6) 加压开始前检测压力容器全表面(包括各个密封面及管路接口)，确保表面干燥无水迹；

(7) 水压试验过程中和保压期间目视检测压力容器全表面包括所有焊缝、密封面及管路接口处，是否有渗漏和冒汗的情况，是否有明显的变形。

8. 表面处理的目视检测

产品出厂前一般按照制造技术要求对壳体、支撑件、紧固件等进行表面处理。

壳体、支撑件等喷涂油漆后的目视检测项目有：涂层厚度应均匀(可用测厚仪检测)，颜色应符合规定，表面不应有气泡、龟裂、剥落、露底、皱皮；

紧固件磷化处理后的目视检测项目有：磷化层的完整性、磷化层的色泽、磷化层的厚度和厚度均匀性(厚度可用测厚仪检测)。

9. 容器整体目视检测

压力容器制造完成后应进行最后的完整性目视检测。主要包括容器上所有部件全部安装到位，没有遗漏，备品备件数量满足要求，铭牌已安装，所有在役检查和产品规格书规定的钢印标记已经完成。

10. 评定记录和验收

随着设备投入运行，制造缺陷往往具有可扩展性，对设备构成失效风险。所以在制造阶段应认真检测，尽可能发现缺陷和消除缺陷，并详细记录缺陷的性质、位置、方向、几何尺寸、判别依据(适用标准)、检测状态、日期和处理结果，形成产品制造档案，并为在役检查提供原始依据。为此目视检测人员在完成实物检测后应编制目视检测报告。目视检测报告一般应包括如下内容：产品制造商名称、产品图号、被检工件名称、被检工件图号或代号、采用的技术规程编号和修订版本号、采用的检测技术和工具、检测结果(数据)、检测人员和资格等级(当产品技术规范有要求时)。

目前，我国核电厂反应堆压力容器的设计和制造标准一般采用 ASME 规范或 RCC-M 规范，目视检测的评定和验收标准相应也必须满足 ASME 规范或 RCC-M 规范的要求。

ASME 规范或 RCC-M 规范分别对材料阶段、产品制造阶段、产品使用(在役)阶段明确规定了目视检测的要求，对于反应堆压力容器制造过程中目视检测的评定依据，分别遵照规范对材料阶段、产品制造阶段的具体规定执行。

此外，还应按照产品合同，技术规格书、制造技术条件的具体要求进行验收。

三、设备安装阶段的目视检测

核电厂安装阶段包括土建安装和设备安装，这两个安装阶段的目视检测对象不同。土建安装阶段的目视检测重点在贯穿件、敷板和支吊架制作中拼接质量、检漏和支吊架形变、位置、状态等检测；设备安装阶段的目视检测主要对象包括设备就位对中、支承调整和各设备之间管道系统的连接焊缝等质量检测。

1. 目视检测注意事项

(1) 被检表面不应有妨碍检测和判断的污染物。

(2) 被检表面的照明度应满足规定要求。

(3) 确保待检区域的可接近性。检测尽可能采用直接目视，与待检表面的视角大于30°，距离最大为610 mm，有时需要借助反光镜和放大镜改变视角和观察条件。

(4) 检测对象大多是连接焊缝，焊接完成后的焊缝表面有可能是焊接后的自然状态或者打磨或修正过的表面，磨平表面的光洁度应达到规定要求。

2. 目视检测的主要工具

(1) 照度计；

(2) 灰度卡；

(3) 反光镜、放大镜；

(4) 样板、粗糙度样板；

(5) 仿形规、高低规、焊缝检验尺、卷尺、游标卡尺、千分尺、塞尺、法兰角尺、水平尺；

(6) 手电筒、应急光源。

测量仪器应处于良好状态并在鉴定合格有效期内。

3. 焊接目视检测

(1) 焊接前的坡口检测、坡口组对及装配后检测

1) 坡口检测

坡口面、坡口角度、根部面(钝边)、根部高度，见图4-24，通常使用焊缝检验尺、高低规、游标卡尺，也可使用样板检测。如果坡口尺寸不符合设计、加工要求，则应再次加工或打磨。坡口表面精加工应符合焊接工艺要求，坡口表面应无超标的夹渣、分层、裂纹或影响焊接质量的深度划伤，管道坡口及管道内不能有任何影响焊接后射线检测评片的机加工痕迹。

坡口及周围区域应满足焊接前的清洁度要求，没有油脂、油漆、氧化皮、铁锈、水等。

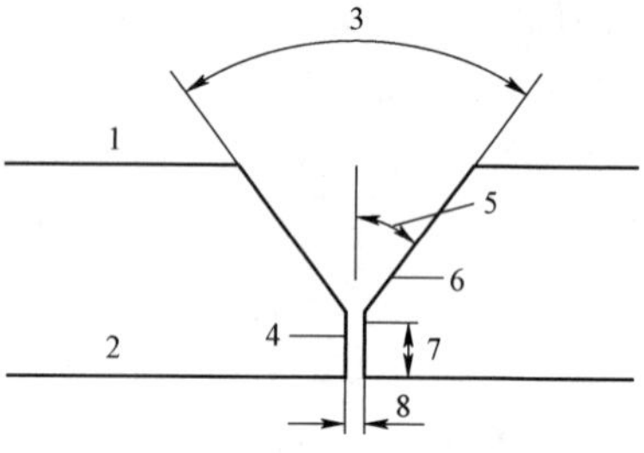

图 4-24 V形坡口各部分名称

1—表面；2—背面；3—坡口角；4—根部面(钝边)；5—倾斜角；6—坡口面；7—根部高度；8—根部间隙

2) 坡口组对检测

坡口组对检测主要是检测组对接头的根部间隙，内部、外部允许偏差以及允许的错边量。

3) 坡口装配检测

坡口点焊装配及装配件装配图，见图4-25。

当厚度≤12 mm，采用点焊方法装配时，定位焊不作为焊接接头一部分，在焊接前或焊接过程中应将定位焊缝去除。定位焊缝应全部清除干净，不得有引起焊接质量的深度划伤等。

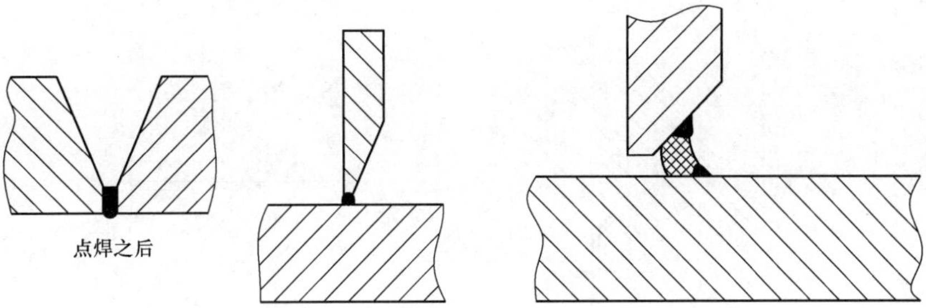

图 4-25 坡口点焊装配及装配件装配图

不清根且厚度小于 20 mm 的低合金钢焊缝，在定位焊成为焊接工艺和有关评定试验的一部分或定位焊的两端修成倒角（以便在坡口根部有间隙时保证接头根部完全焊透），定位焊可以熔入焊缝接头中。

当厚度＞12 mm，采用圆棒、U 形件装配时，采用打磨方式去除装配件时，打磨点焊的表面，不应有裂纹和任何未熔合；检测背面有保护气体的点焊缝，表面不应有海绵状缺陷。

装配打磨区域应满足清洁度要求，没有油脂、油漆、氧化皮、铁锈、水等，打磨去除区域内不得有任何裂纹。

坡口装配完成后检测组对是否合适。

(2) 焊接过程中的检测

焊接过程中检测主要是针对厚壁板、管等分段填充。

为了确保焊道的正确分布，焊工对焊接过程中的每个焊缝都必须进行检测；这项检测也能确保焊完的焊缝不会产生诸如夹渣（清理不干净）、未熔合、气孔等缺陷。其目的在于检测某些焊接缺点（烘干不充分，电弧偏吹，保护不足，参数不恰当和接地不正确等）。

(3) 焊接后检测

焊接后焊缝的检测内容：焊缝尺寸、表面缺陷、成形等。

焊缝尺寸检测包括焊缝余高、焊缝宽度、焊缝厚度、焊缝的有效厚度、凹面及错边等。

(4) 返修后检测

返修后检测与焊接后检测相同。

4. 承插接头的目视检测

(1) 承插间隙检测

焊接前检测承插端的间隙，该间隙能使焊接以后留下一定的间隙。下面介绍的估计焊接后间隙的方法仅供参考，如图 4-26 所示。

将插管全部插入套管，并将插口外边缘在管上标以 A 点；

在离 A 点 Y 距离处标记 B 点；

选择的距离 Y(20 mm)，整批制作时必须相同。在所有情况下，B 点离焊缝应有足够的距离，以便焊接后标记 B 点仍然可见；

将管子拉出，使 A 点距离套管端面的距离为 X。X 值即为组对间隙。例如：为了在焊接后得到一个等同的间隙，则焊接前 X 值可在 1.5～3 mm。

(2) 承插焊缝外形目视检测

1) 焊缝不得有焊渣或氧化物；

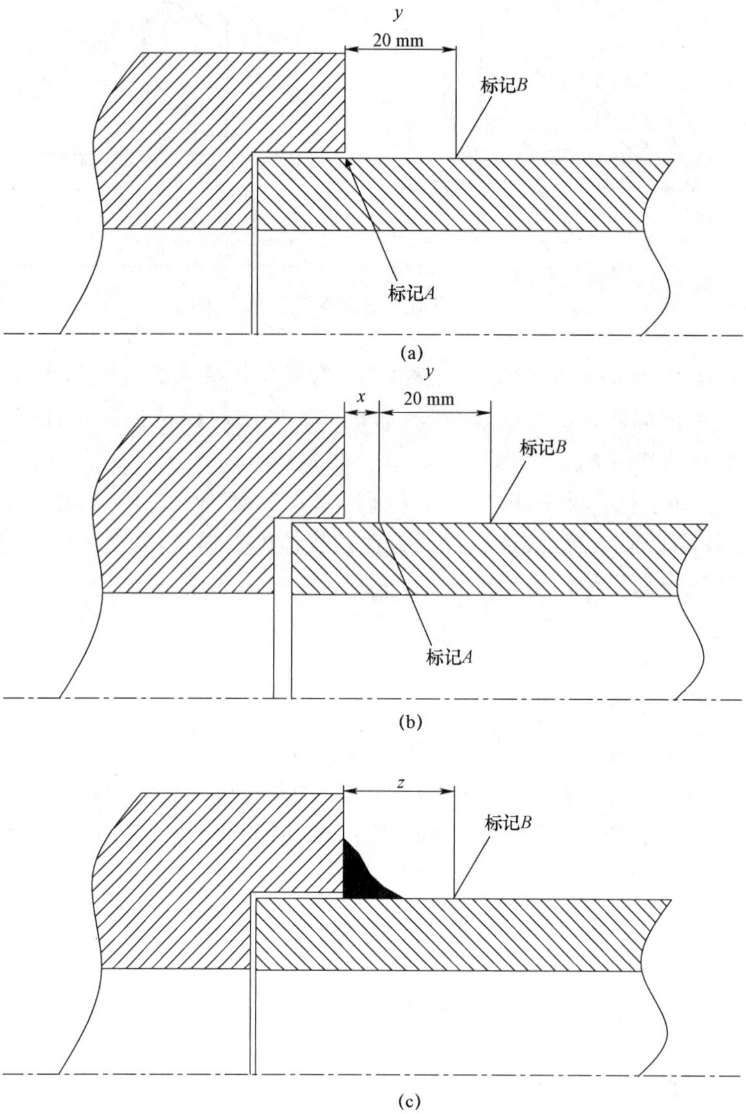

图 4-26 承插焊缝间隙测量

2）不得有裂纹和未熔合等焊接缺陷；

3）焊缝必须逐渐过渡到基体金属上；

4）焊缝轮廓、轮廓的不规则使用样板检测，如图 4-27、图 4-28 所示。

5. 支管或整体附件角焊缝的目视检测

支管或整体附件角焊缝的目视检测内容：焊接尺寸、表面缺陷、成形等。

6. 法兰垂直度及法兰定位

管道与连接法兰焊接时，法兰面必须与管道中心轴线垂直。法兰与法兰对接时，两法兰面相互平行，中心轴线在同一条直线上，如图 4-29 所示。

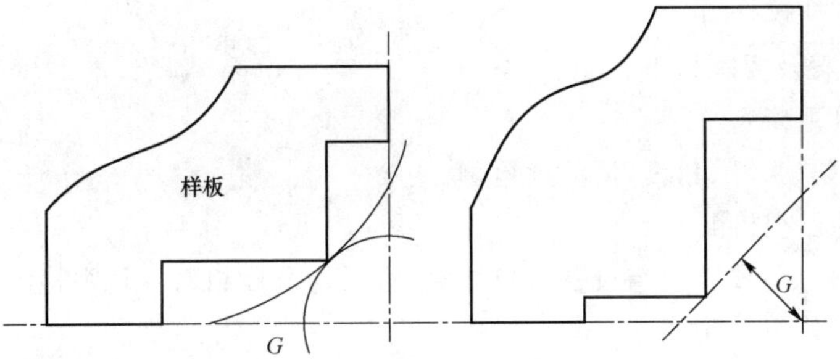

图 4-27　样板使用示例 1

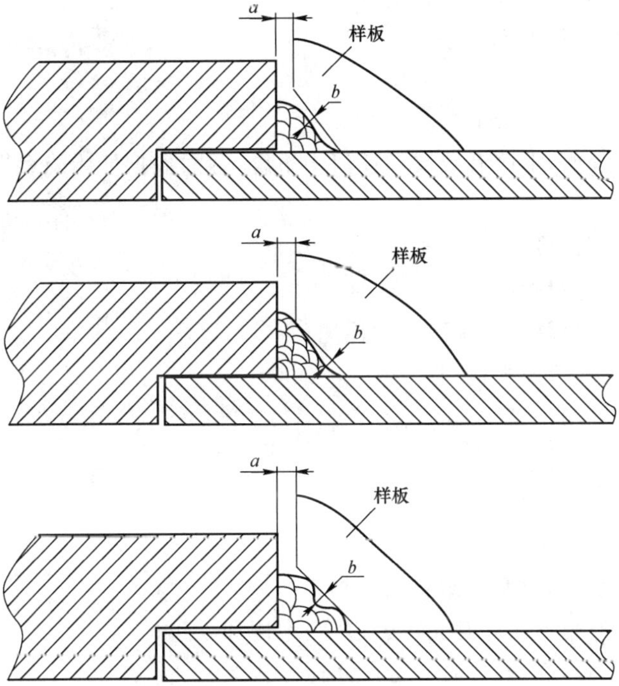

图 4-28　样板使用示例 2(检测焊缝不规则)

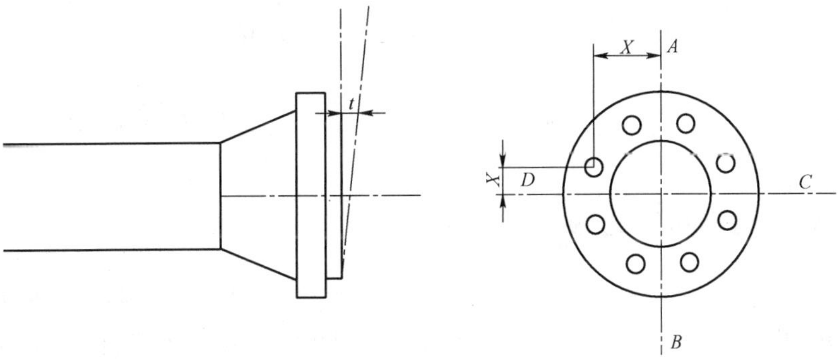

图 4-29　法兰连接

7. 主管道的目视检测

目视检测步骤及要求如下。

1）组对前目视检测

坡口表面缺陷、尺寸、角度、清洁度检测。

2）组对时的目视检测

包括管段就位、管段坡口与设备管口组对、管段与管段组对。目视检测内容：

① 管线沿着其中心线定位；

② 焊口是否内错超差。

考虑到焊段焊接过程中的收缩，在焊接起始点相对的直径方向预留 1～4 mm 间隙，此间隙与管线相对方向焊接收缩的偏差相等。

3）组对、点焊后的目视检测

① 检测根部间隙是否在 1～4 mm；

② 检测管口内错边≤0.5 mm；

③ 打磨点焊的表面，不应有裂纹和任何未熔合；背面保护气体的点焊缝，表面不应有海绵状缺陷。

4）焊接过程的目视检测

① 打底焊，根部外观检测；

② 15%填充时，根部检测，焊缝外观检测；

③ 50%填充时，焊缝外观检测。

5）焊接后目视检测

① 根部外观检测；

② 焊缝外观、尺寸检测。

6）焊缝打磨后的焊缝检测

焊接过程中或满焊打磨后焊缝进行目检：

① 焊缝打磨后外观不允许有尖锐的边缘、沟槽和咬边；

② 必须保证最小厚度，必要时进行尺寸检测。

8. 验收标准

检测记录应符合质保要求和长期保管要求，检测结果验收条件应满足设计规范书或其他设计文件，或者指定核电厂设计、制造标准的相关章节验收。

第四节　螺栓螺母、泵和阀门的目视检测

一、螺栓螺母的目视检测

紧固件在民用核安全设备中也应用广泛，是很多阀门、泵、设备、设备支承的重要零部件，主要起到连接、紧固、定位、密封等作用。紧固件可包括螺栓、双头螺栓、螺母、垫圈、衬套等。而螺栓、螺母是紧固件中完成其功能最重要的构件，对其应有严格的质量要求，同时对在役的螺栓、螺母更应重点检测，以避免紧固件失效或松动导致设备破

坏或者泄漏。

1. 螺栓螺母的常见结构

常见的螺栓类型有六角头螺栓和埋头螺栓，示意图和结构表示见图4-30。

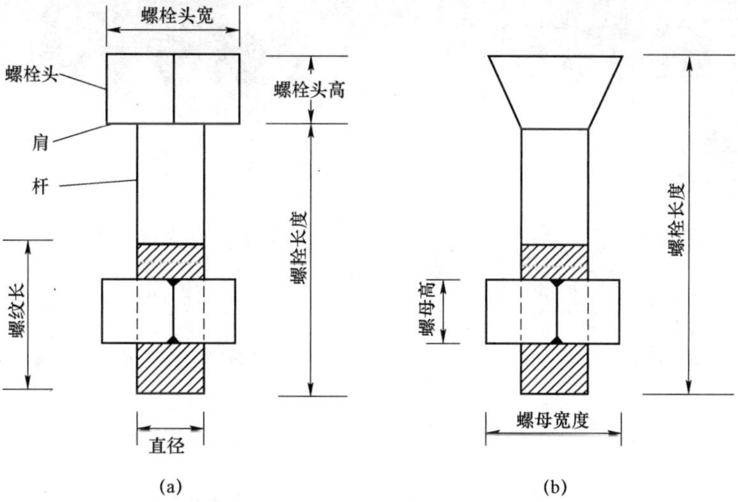

图4-30　六角头螺栓和埋头螺栓

(a) 六角头螺栓；(b) 埋头螺栓

螺栓有普通螺栓和高强度螺栓。对于高强度螺栓，由于承受的载荷较大，需采用具有良好加工性能、机械性能的材料制造，加工后表面质量要求高，螺纹配合要求高精度。

普通螺栓采用车削方式加工，高强度螺栓需采用冷镦、滚压工艺加工，以得到高性能的螺栓。

螺栓属于带缺口的零部件，特别是螺纹部分，具有很高的缺口敏感性。螺纹的形式对其使用性能也有很大影响。常见的螺纹形式有国际公制标准螺纹、美国标准螺纹、V形螺纹、惠式螺纹等，如图4-31所示。国际公制标准螺纹是我国国家标准采用的螺纹形式，螺纹根部为圆弧形，具有较高强度，螺纹顶部为平面，易于车削加工，螺纹有粗牙、细牙2种，螺纹角为60°，规格表示法示例：M10×1.25 mm，其中M为螺纹代号，10为公称直径，1.25为螺距。美国标准螺纹的螺纹根部和螺纹顶部都为平面，有较佳的强度。惠式螺纹是英国国家标准采用的螺纹形式，螺纹根部和螺纹顶部都呈圆弧形，螺纹角为55°，适于滚压法制造。V形螺纹的螺纹根部和螺纹顶部都呈尖角状。因其强度低易破坏，故较少采用。

2. 螺栓和螺母的检测

(1) 检测前的准备

紧固件检测前，应做好检测工具、设备和被检件表面状况的准备。

紧固件直接目视检测时，应准备钢卷尺、游标卡尺、千分尺、螺纹规等测量工具；手电筒或强光灯等照明工具；反光镜、放大镜等观察助视工具。当被检紧固件距离太远或难以接近时，则可借助望远镜、内窥镜、摄像机等设备对特殊位置进行间接目视检测。检测前，还需采用18%的中性灰卡校核分辨率，用照度计验证被检表面的光照度。

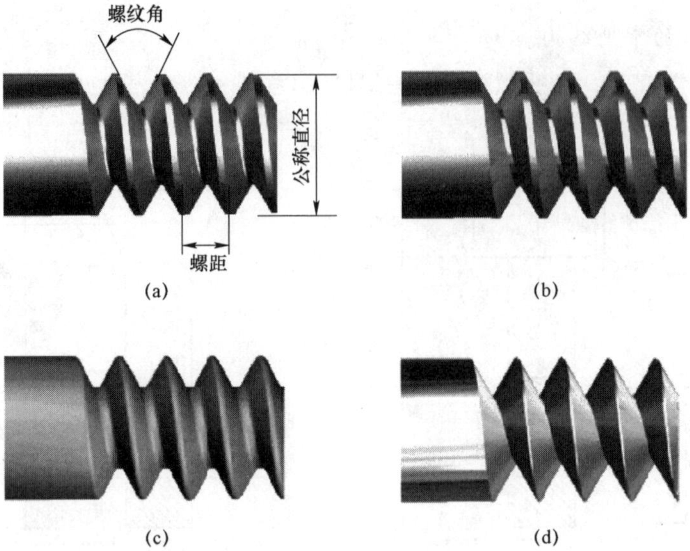

图 4-31 常见螺纹形式

(a) 国际公制标准螺纹；(b) 美国标准螺纹；(c) 惠式螺纹；(d) V 形螺纹

螺栓螺母等紧固件起着紧固、密封等作用，往往受到较大载荷作用。同时作为带缺口的零部件，在使用中容易产生缺陷和破坏，所以对紧固件的在役目视检测是尤其重要的。检测前对紧固件清理十分必要。螺栓在位时，用某些工具检测会有困难，所以一般首先应将螺栓、螺母、垫片卸下来。拆卸时应避免对紧固件产生伤害。拆卸后应分类堆放，避免混乱或丢失。在役的紧固件表面往往有污垢、锈蚀物附着，这会影响目视检测，所以清洗工作也是保证检测结果准确性的重要措施。针对不同材质的紧固件、不同性质的污垢，可采用适当的工具(如不锈钢刷、尼龙刷)、适当的清洗材料(如煤油、丙酮)进行清洗。需要指出的是，若紧固件表面上有镀层，则镀层必须保留。这些镀层是制造过程中镀上去的，目的是为了保护紧固件，镀层致密而且很薄，通常不影响对缺陷的分析。在目视检测时，如果发现镀层剥落，那么剥落面积、剥落部位等都应记录下来。

(2) 检测方法和范围

对螺栓螺母等紧固件一般采用 VT-1 目视检测，通常采用直接目视检测，当不可接近时，也可采用间接目视检测，但其检测分辨力应至少与直接目视检测的相当。

检测的范围应包括所有螺栓组件，如螺栓、双头螺栓、螺母、垫圈、衬套等，应检测零件 100%的外表面。

对于制造阶段的紧固件目视检测，除发现明显可见的原材料缺陷和制造缺陷外，应注重对尺寸的测量，保证紧固件外观尺寸符合设计要求。在安装阶段对紧固件进行目视检测时，则应注意安装不当造成的异常，如工具磕伤、预紧力过大造成的开裂、滑牙、松动等。而在役检查中，目视检测发现的紧固件损伤可以由制造时残留的缺陷扩展导致，可以由运行时工作载荷、工作介质造成，也可以由检修过程中操作不当引起。在用紧固件损坏的原因很多，检测时更应细致。对于在役时的目视检测，我们应注意不要苛求检出紧固件表面的微小缺陷，应重视发现较明显的异常。我们应该正视目视检测的应用局限性，过于精细的检测不仅效率低，而且容易一叶障目，反而发生漏检。对于微小缺陷，目视检测往往无能为力，通常需要由其他无损检测方法来发现。

对螺栓等紧固件进行目视检测，很重要的一点是发现运行中产生的开裂。对此，应该了解螺栓在使用时的受力状况，这对于我们判断破裂的形式和位置有指导意义。一般，螺栓都需要预紧，所以螺栓会受到轴向静拉伸载荷。在不同的工况条件下，螺栓还可能受到交变轴向拉伸载荷、交变横向剪切载荷、以上两者复合而成的弯曲载荷、冲击载荷、扭矩等。这些载荷可能使螺栓造成超限断裂、疲劳断裂。在一定介质环境下，还有可能造成延迟断裂。

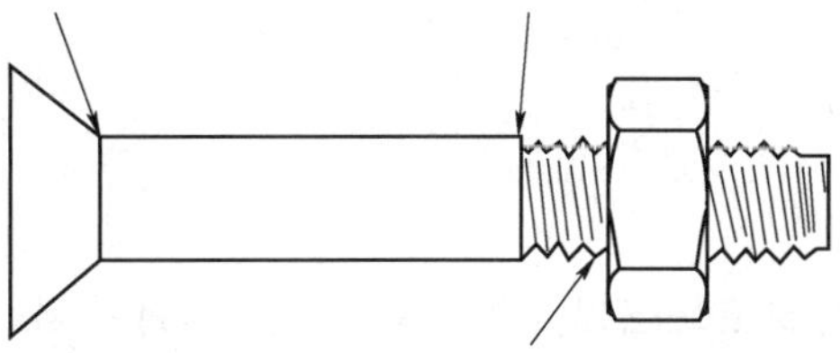

图 4-32　螺栓开裂的常见部位示意图

螺栓受到载荷作用，容易在结构不连续处造成应力集中，进而造成开裂。螺栓在结构上有很多不连续处，在外加载荷作用下，容易在螺栓头-螺杆过渡处、螺杆-螺纹过渡处、拧入螺母内的第一螺纹处产生开裂，如图 4-32 所示。

实施检测时，可先对紧固件表面进行总体观察，查看有无变形或缩颈、表面有无开裂或损伤、有无腐蚀。对易开裂部位和怀疑部位，应进行详细检测。拆卸后经清洗干净的螺栓，可拧入配套螺母。如果拧入不灵活，阻力很大，则该处可能存在变形，应仔细检测变形部位，并记录下来。

螺栓目视检测发现的缺陷或异常有：物理损伤、腐蚀、裂纹、氧化、镀层脱落、变形、松动等。这些异常无论其大小、长度如何，都要记录。可采用照相记录，也可以采用录像记录（分辨力至少等同于直接目视）。如需记录缺陷位置，还应绘制草图表示。

3. 螺栓螺母目视检测常见缺陷

根据产生缺陷的不同时机，将螺栓螺母等紧固件中的缺陷分为材料固有缺陷、加工缺陷、安装缺陷和运行缺陷。

（1）材料固有缺陷和加工缺陷

螺栓螺母中目视检测可以发现的材料固有缺陷和加工缺陷有：

1）固有裂纹

这类裂纹有原材料开裂、材料中气孔经压延后呈细长线状的发裂、锻造开裂等。它们通常呈直线形或是光滑的曲线，一般平行于螺栓纵轴。见图 4-33。

2）表面线形夹杂：是材料中的夹杂物经压延或拉拔变长而形成的线状缺陷。这样的平面状夹杂缺陷可以在材料内部或外表面。目视可以发现在外表面的线形夹杂，发现的难易程度与夹杂本身的色泽有关。

3）加工痕迹：当加工工具在紧固件上移动时产生的纵向或周向浅槽。这些痕迹如果很微小，可以接受。但如果痕迹明显，可能在使用中因应力集中而产生运行缺陷。

图 4-33　螺栓固有裂纹

4）淬火裂纹：由于热处理不当引起的裂纹。

（2）运行缺陷

这里把除原材料缺陷、加工缺陷以外的缺陷都归为运行缺陷。严格说，归类为使用缺陷更为恰当。因为除了运行中产生的缺陷以外，还有安装或维修活动中产生的缺陷。

安装或维修工作中可能产生的缺陷有工具损伤、变形、颈缩、断裂、裂纹等，运行过程中可能产生的缺陷有变形、颈缩、断裂、裂纹、腐蚀、磨损、氧化、镀层脱落等。

1）工具损伤：螺栓紧固、拆卸或其他作业时，因使用工具不当而在紧固件表面产生的损伤痕迹。若螺纹部位受损伤，容易卡死紧固件。如图 4-34 所示。

图 4-34　工具损伤

2）变形：装配、拆卸不当，或使用过程中载荷过大而导致紧固件的形状改变。

3）颈缩：装配时预紧力、扭矩过大或在使用中过载，产生塑性变形而导致螺栓某区段的局部截面积减小。

4）断裂或裂纹：装配不当或使用中由于载荷、环境介质等原因造成的紧固件损坏。当完全破坏时，称之为断裂。开裂而未断裂的统称为裂纹。图 4-35 所示为螺栓头一螺杆过渡处的裂纹。

5）腐蚀：腐蚀是材料在腐蚀介质作用下发生的损伤或破坏。腐蚀的形态很多，紧固件上容易发生的有全面腐蚀、缝隙腐蚀、应力腐蚀、磨损腐蚀等。

6）氧化：高温环境下的紧固件，金属与氧化性气体反应生成金属氧化物的现象称为氧化。氧化往往导致紧固件的使用性能下降，进而寿命缩短或失效。氧化可以是全面的或是

图 4-35　螺栓头-螺杆处裂纹

局部的。发生氧化的部位有明显的氧化色，或有氧化物生成，很容易分辨。

7）磨损：紧固件在使用中与其他材料发生反复机械摩擦造成的损伤称为磨损。

8）镀层脱落：紧固件上保护镀层脱落、失去完整性的现象称为镀层脱落。

二、泵的目视检测

泵在核工业中应用也极其广泛，是各种系统中不可或缺的重要部件。例如在核电工业中，反应堆产生的热量要依靠主泵的运行来输送；余热排出系统也需要泵来实现移除热量的目的。下面讨论用于输送液体介质的泵的目视检测，用于输送气体介质的真空泵不在讨论之列。

1. 泵的作用

一般情况下，液体总是由高处流向低处，或是从高压处流向低压处。而在工业系统中，常常需要将液体从低处输送到高处，或是将低压设备中的液体输送到高压设备。泵的作用正是向液体提供能量，以此实现液体的扬升、输送、循环、加压等。泵作为一种机械设备，向液体提供能量时是将原动机产生的机械能转变为流体机械能。

2. 泵的常见类型

泵的种类繁多，分类方法也不一而足。常用的泵根据结构特点、向液体施加能量方式的不同，可以分为叶片式泵和容积式泵两大基本类型。

叶片式泵运转时，能量以连续不断的方式加入流体，以增加流体之速度或压力。常见的叶片式泵有离心泵和旋涡泵。容积式泵也叫排量式泵，泵运转时，能量以周期性施加力量的方式加入流体。常见的容积式泵有往复泵和回旋泵。

叶片式泵主要用于流量大、扬程低、液体黏度小的场合，并适于输送带悬浮物质的液体和不洁净液体。容积式泵用于流量小、扬程高、液体黏度大的场合，不适合输送不干净的液体。在核电厂中，容积式泵应用较少，主要用于计量、加压、液压系统中。最广泛应用的是离心泵，下面以离心泵为例讨论泵的目视检测。

3. 泵的结构和工作原理

离心泵的基本结构包括叶轮、泵体（壳）、泵轴、轴承、轴封等，见图 4-36。叶轮是离心泵的重要部件，通过它的高速旋转将原动机的机械能直接传给液体，增加液体的压力能和动能。叶轮由轮板、叶片、轮毂组成，材料的强度高、耐腐蚀和耐冲刷。叶轮有闭式、半开式、全开式和双吸式，如图 4-37 所示。单级离心泵的泵体（壳）多由蜗壳加上一段扩散管构成，作用是将叶轮封闭在一定的空间，接受叶轮排出的液体，同时将液体的动能转化为压力能。泵轴与叶轮相连，泵轴高速旋转带动叶轮运转，它在工作中受到弯曲和扭转的联合变应力。轴承是支撑泵轴的部件，承受泵轴的径向和轴向载荷。轴承主要有滑动轴承（如有巴氏合金面的轴瓦）和滚动轴承（如滚珠轴承）两种。旋转泵轴和静止泵体间的密封称为轴封，作用是防止泵体内液体沿泵轴渗出或外界空气漏入泵体内。轴封装置有填料密封和机械密封两种，填料密封是通过填料和泵轴的紧密接触实现密封；机械密封主要依靠装在轴上的动环与固定在泵壳上的静环之间端面的相对运动达到密封的目的。

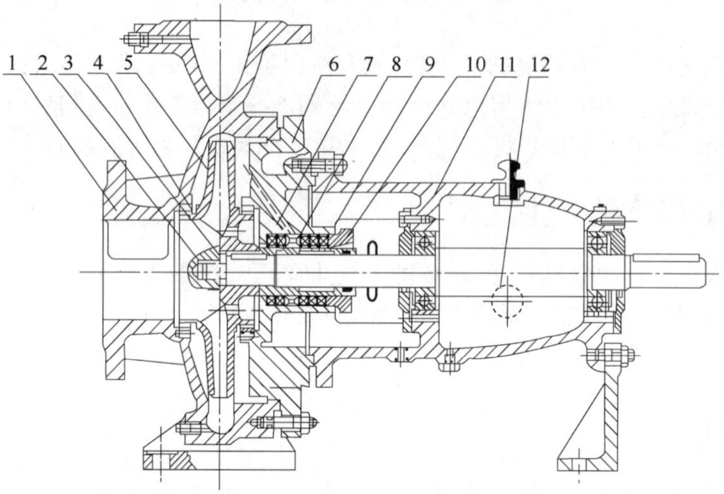

图 4-36 单级单吸卧式离心泵结构示意图

1—泵体；2—叶轮螺母；3—止动垫圈；4—密封环；5—叶轮；6—泵盖；7—轴套；8—填料环（装机械密封无此环）；9—填料（或机械密封）；10—填料或机械密封压盖；11—悬架轴承部件；12—轴

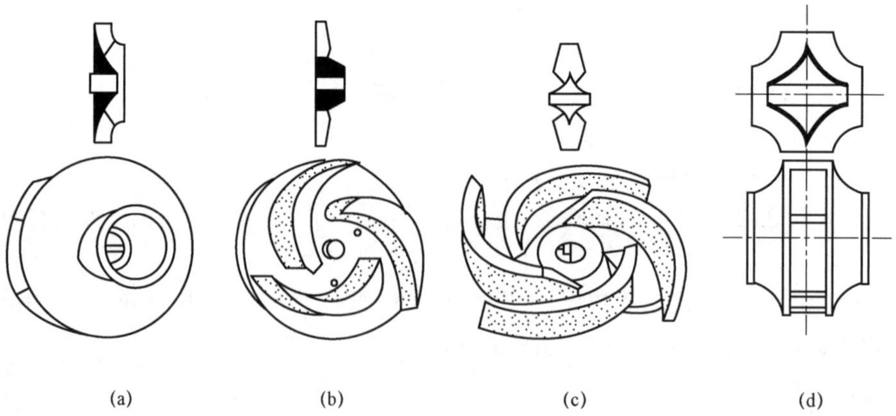

图 4-37 叶轮类型示意图

（a）封闭式；（b）半开式；（c）全开式；（d）双吸式

离心泵的工作原理如下：在泵启动前，先向泵壳内灌满被输送的液体，启动后叶轮在泵轴的带动下转动产生离心力。在离心力的作用下，液体从叶轮中心被抛向外缘并获得能量，高速离开叶轮外缘进入泵壳。在泵壳中，液体由于流道的逐渐扩大而减速，又将部分动能转变为压力能，最后以较高的压力排出。液体由叶轮中心流向外缘时，在叶轮中心形成了一定的真空，由于液面上方的压力大于泵入口处的压力，液体便被连续压入叶轮中，达到扬升或输送的目的。工作原理示意图见图 4-38。

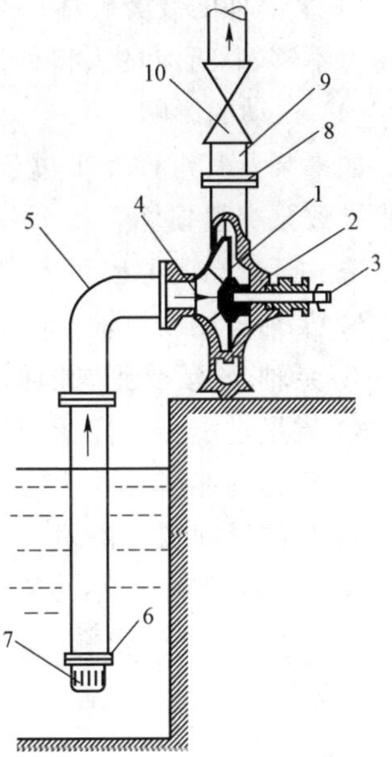

图 4-38　离心泵工作原理示意图

1—叶轮；2—泵壳；3—泵轴；4—吸入口；5—吸入管；6—单向底阀；7—滤网；8—排出口；9—排出管；10—调节阀

4. 泵运行时损坏的原因

由于泵的重要性，对它在运行时的监控、在役检查尤为重要。在此对运行中可能造成泵损坏的原因作一解析。

(1) 水锤的影响

水锤也称为水击，是泵运行中造成损坏的重要作用力，它是由液流的突变引起的液体内部压力急剧升高或降低。生活中也能找到水锤的实际例子，如果将家里的水龙头大大地打开，然后突然关闭，则水管里可能会产生不正常的撞击声或锤打噪声。

当水锤发生时，它可以对叶轮、泵壳等产生巨大的冲击力，造成冲蚀。水锤不仅会对泵造成很大破坏，也会损坏阀门、管道等部件。当水迅速地填满大容积的空管道时，水锤就可能形成，如核电厂循环水系统最初充水时产生的水锤就是这样。

(2) 气塞的影响

当泵密封不良或管道系统连接不好时，外界空气就会进入泵及管道系统。当进入的空气超过一定量时，泵就无法产生足够离心力，造成液体流动中断，这就是气塞。

持续的气塞会使泵温度升高，进而造成泵的损坏。

(3) 汽蚀的影响

泵工作时，液体进入吸入管。由于吸升高度和摩擦等原因，液体压力逐渐减小。当液体进入叶轮时，压力达到一个最小值。我们知道，一般压力降低意味着液体沸点的降低。若此时压力足够低，液体在常温下就可以发生沸腾产生汽泡进入叶轮。进入叶轮后液体压力又逐渐升高，汽泡凝结成液体而消失，周围液体迅速补充由于汽泡消失造成的空穴，此时瞬间产生高速水流形成强大的冲击力，造成叶轮或泵壳的点蚀甚至损坏。这就是汽蚀。

汽蚀在离心泵中普遍存在，当以上基本条件满足时，阀门、弯头等部件也会产生汽蚀。

若产生汽蚀时的沸腾过于猛烈，则可能产生大汽泡造成气塞现象，使液流中断，进而造成泵的损坏。

利用以下一些征兆可以发现汽蚀现象的存在：

1) 泵发出异常噪声；

2) 压力表上反映出的压头降；

3) 叶轮叶片上的冲蚀坑；

4）泵部件的疲劳破坏。当发现汽蚀现象时应分析其产生的原因，其成因颇复杂，如吸升压力不够、临近泵的入口处液体流动不均匀都可能造成汽蚀。

（4）振动的影响

如果泵及其组件发生过于强烈、持久的振动，超出了材料的疲劳极限时，这种过度的振动将导致泵突然损坏。

造成泵振动的原因很多，如：

1）泵轴与原动机轴不同心；

2）泵轴、轴承受到腐蚀而破损、轴弯曲；

3）流量过小、泵内液流不均造成的汽蚀引起；

4）叶轮局部堵塞或叶轮破损；

5）泵的紧固螺栓松动。

在泵运行期间，应小心监督泵的振动水平，注意是否有异常响声。

（5）异常温度的影响

泵运行期间需要监测轴承的温度，如果轴承温度持续过高，轴承就会损坏，进而造成泵的毁坏。

造成轴承温度异常的原因有：

1）润滑油太少或质量差，使轴承不能充分润滑，泵轴旋转产生的热量就无法有效带走，造成温度过高；

2）油道堵塞，造成轴承干磨引起温升；

3）滚动轴承滚动体卡死；

4）冷却水量过少或断水。

如果填料密封的填料压得太紧，则可能造成泵轴发热，适当调整填料的松紧可以解决这一问题。

（6）腐蚀的影响

泵运行时长期受到液体介质的作用，除受到冲蚀外，还必然受到腐蚀的影响。腐蚀将影响泵的正常使用，可能造成泵流量降低、压力降低，或者使泵产生振动、噪声，严重的甚至造成泵的突然损毁。

一般来说腐蚀都是由表及里地发展，由局部到整体不断扩展。从腐蚀的形态来看，腐蚀可以分为全面腐蚀（又称均匀腐蚀）和局部腐蚀两大类。全面腐蚀是在材料整个暴露表面或大部分表面产生的程度基本相同的腐蚀，其宏观特征是材料均匀减薄。局部腐蚀为材料表面局部发生的腐蚀，其产生的危害更为突然和巨大。

腐蚀是常见的引起材料、部件、设备损耗和破坏的现象，不只存在于泵的运行中，而是广泛存在于阀门、管道、焊缝、容器等各种部件、设备和各种工况中，我们应特别重视腐蚀的危害。

5. 泵的目视检测

（1）制造和安装阶段的目视检测

泵制造过程中进行目视检测时，应检测零件是否有缺失、各零件的尺寸是否符合设计要求，同时仔细检测各零件有无各种制造缺陷存在。此外，还应检测各零件的配合间隙，尤其是转动部件之间的间隙。对于泵轴中心线位置、各部件结合面位置等是否适当，也要仔细核对。

泵安装过程中进行目视检测时，应注意检测各部件安装是否正确。还应检测各部件的安装位置是否准确，如核对泵轴和原动机轴的对心情况是否恰当。泵安装位置、紧固螺件情况等也是检测的要点。上述的安装不当，可能造成泵运转时应力集中、不平衡或运转效率低下。此外，同样应关注泵各部件表面是否存在制造和安装缺陷。

(2) 在役阶段的目视检测

泵在使用过程中的目视检测更为重要，除关注可能存在的制造、安装缺陷外，更应关注运行过程中可能产生的缺陷。泵及其相关部件的在役目视检测可以有 VT-1、VT-2、VT-3，视具体情况而定。

VT-1 一般限于检测泵的螺栓和法兰连接。如检测螺纹、螺杆部分是否有裂纹，检测螺纹根部区域是否存在腐蚀，检测法兰对中是否不当、法兰面有尢损伤等。

VT-2 是为了检测泵是否存在泄漏，可在系统泄漏试验或是在水压试验期间实行。

VT-3 则用于检测各部件的完整性。

下面举例说明一些泵部件的在役目视检测。

1) 叶轮

运行期间产生的腐蚀和汽蚀损伤大多在叶轮的入口区域。完好的叶轮入口应是光滑的、带有圆角和圆边的。叶轮产生的异常腐蚀，则是粗糙、凹凸不平的，也可能呈现多孔性。如果检测发现叶轮表面有任何裂纹，所有裂纹应返修或更换叶轮。

2) 泵壳和扩散管

泵壳体的损伤，往往都是因机械应力或热应力的作用而出现裂纹，维修时应仔细检测。泵壳的目视检测，首先应检测是否存在腐蚀或冲蚀，泵壳轮廓是否保持光滑和连续。泵壳内表面的凹坑或凸起可能降低泵的效率，并加速泵壳腐蚀。检测泵壳焊缝是否腐蚀、法兰密封是否有效。如果涂有保护涂层，则应检测保护涂层是否腐蚀或剥落。

与叶轮检测一样，检测泵扩散管上是否存在腐蚀及裂纹。

3) 泵轴

泵轴是离心泵的一个重要部件，它不仅支承着所有套在轴上的零件，而且通过轴传递扭矩。泵轴会因使用、拆装、搬运不当而发生弯曲，特别是细而长的轴。轴如果弯曲了，会使各零件迅速磨损，并使泵工作不正常。所以，轴在拆下后应进行检测。泵在拆卸后，对轴表面应进行外观检测。在一般情况下需用细布将泵轴表面略微打光，检测表面是否有沟痕、两轴颈表面是否有损伤和碰痕。如果轴有磨蚀现象，则应进行修整。

若检测发现有下列情况之一者，应更换新轴：

① 泵轴表面发现有裂纹；

② 轴表面有被高速液流冲刷的沟痕，尤其是在键槽处；

③ 泵轴弯曲度很大，虽经多次校直，运行后，发现仍然弯曲。

4) 轴套与密封环

根据制造说明书要求的间隙，对所有的轴套和密封环进行测量。如果磨损过大，超出允许间隙，则要更换。因为，间隙过大造成的不平衡会降低泵的效率。

5) 巴氏合金轴承和滚珠轴承

对巴氏合金轴承，检测表面光滑程度和磨损情况。巴氏合金很软，易受运行期间流体中的小粒子损伤,应注意分辨小粒子损伤痕迹与裂纹的差别。

对滚珠轴承,应检测轴承表面有无凹坑、擦伤,检测其表面光洁度并测量各几何尺寸,用塞尺测量间隙。检测滚珠的表面光洁度、磨损情况。检测轴承密封圈是否磨损,磨损的必须更换,并查明其原因。

6) 填料密封装置

密封装置起密封作用的是填料,使用一定时期以后,若其弹性和润滑作用丧失,则应更换。由于填料质量不好或安装不良而发生严重泄漏时,也需更换。填料箱的轴套磨损较大或出现沟痕时,则应更换。目视检测时应检测轴套是否磨损、擦伤。

若填料箱严重泄漏,可能的原因如下:

① 原动机轴与泵轴对中不好,导致泵偏心运行;

② 泵轴磨损严重或者弯曲,使轴封失效;

③ 填料与泵轴接触不良或过松。

三、阀门的目视检测

阀门是一种通过改变其内部通道截面积来控制管路内介质(液体或气体)流动的管路装置。

在民用核安全设备中,阀门是应用广泛的重要部件。例如核电厂要稳定运行,需要所有系统协同工作,处于适当的工作状态,阀门是实现这一目的的重要设备。对于阀门检测的重要性是不言而喻的。

下面我们将了解阀门的常见种类,了解各类阀门的基本原理及基本构造,掌握各类阀门目视检测时的要点。

1. 阀门的作用

阀门在管路中的基本作用包括:

(1) 接通或截断介质的流通;

(2) 防止介质倒流;

(3) 调节介质的压力、流量等参数;

(4) 改变介质的流动方向或分离、混合、分配介质;

(5) 防止介质压力超过规定数值,保证管路设备安全运行。

2. 阀门的分类

阀门的分类方法有很多种,这里只介绍几种。

从动作方式来分,可以分为自动阀门和它动阀门两大类。自动阀门指依靠介质的流动作用而自行动作的阀门。常见的自动阀门如止回阀、安全阀、调节阀、疏水阀、减压阀等。它动阀门是借助外力来操纵动作的阀门。常见的它动阀门如闸阀,截止阀、蝶阀、球阀、旋塞阀、节流阀等。

从用途来分,可以分为启闭类、止回类、调节类、分配类、安全类等。启闭类阀门用来接通或切断管路介质,如截止阀、闸阀、球阀、蝶阀等。止回类阀门用来防止介质倒流,如止回阀。调节类阀门用来调节介质的压力和流量,如隔膜阀、调节阀、减压阀,截止阀、蝶阀也可以起到一定的调节作用。分配类阀门用来改变介质流向、分配介质,如三通旋塞阀、分配阀、滑阀等。安全类阀门用来在介质压力超过规定值时，排放多余的介质，保证管路系统及设备的安全，如安全阀、卸压阀等。

从启闭件的运动方式来分，可以分为线性运动阀门和旋转运动阀门。线性运动阀门有闸阀、截止阀、隔膜阀、升降式止回阀等。旋转运动阀门有旋塞阀、球阀、蝶阀、旋启式止回阀等。

3. 各类阀门的结构和工作原理

阀门品种繁多，可以实现的功能也不一。我们先化繁为简地讨论"原型阀门"的结构，再介绍几种常见阀门的结构特点和工作原理。

用"原型阀门"的视角，无论阀门如何复杂，我们都可以把它简化为两大基本部分：承压部分和工作部分。承压部分的作用主要是承受介质压力，防止介质泄漏。其主要部件包括阀体、阀盖、连接件和密封材料。工作部分的作用主要是实现启闭、调节等阀门的基本功能。其主要部件包括启闭件、阀杆、连接件等。手轮、蜗杆等驱动机构也可视为工作部分的部件。

民用核安全设备中常见的阀门有：闸阀、截止阀、止回阀、隔膜阀、旋塞/球阀、蝶阀、安全/泄放阀。

（1）闸阀

闸阀是最常见的截断阀，如图 4-39 所示，用来接通或截断管路中的介质，但不适用于来调节介质流量。它的启闭件（闸板）在垂直于阀内通道中心线的平面内作升降运动，像闸门一样截断介质，故名闸阀。按闸板的构造不同可以分为平行式闸阀、楔式闸阀。

闸阀主要由阀体、阀盖、阀杆、闸板、密封填料及驱动装置等组成。其工作原理：手轮作旋转运动时，阀杆及与其相连的闸板就会被带动而上下移动，管路通道也就开或闭。

闸阀应用广泛，通常较大口径（一般 DN≥50 mm）的切断装置都选用它。其应用特点：

1）对流体阻力小；

2）启闭所需外力较小，但开启高度和外形尺寸都较大；

3）介质的流向不受限制，全开时密封面受工作介质的冲蚀影响较小；

4）启闭过程中，闸板密封面与阀体密封面间有相对摩擦，容易引起擦伤；

5）一般都有两个密封面，加工、修磨较困难。

（2）截止阀

截止阀也是一种常用的阀门，如图 4-40 所示，它的启闭件（阀瓣）沿着阀座的中心线上下移动。截止阀在管路中主要作切断用，也可以用作调节流量。与闸阀的主要不同是，介质流经截止阀时，流向必然发生改变。根据其密封面型式不同，可以分为平面密封式、锥面密封式、球面密封式截止阀。

截止阀主要由阀体、阀盖、阀杆、阀瓣、密封填料及驱动装置等组成。其工作原理：阀瓣紧紧压住阀座，介质流体就被禁止通过，当阀瓣向上移离阀座时，介质随即向上流动，弯转方向后经流出。阀瓣离开阀座的距离愈大，流量愈大，距离愈小则流量愈小，以此达到调节流量的目的。

截止阀应用较广，但由于启闭力矩较大，结构长度较长，一般公称通径都限制在 DN≤200 mm 以下。其应用特点：

1）启闭时阀瓣行程小，因而阀门高度较小；

2）启闭力矩大，启闭较费劲；

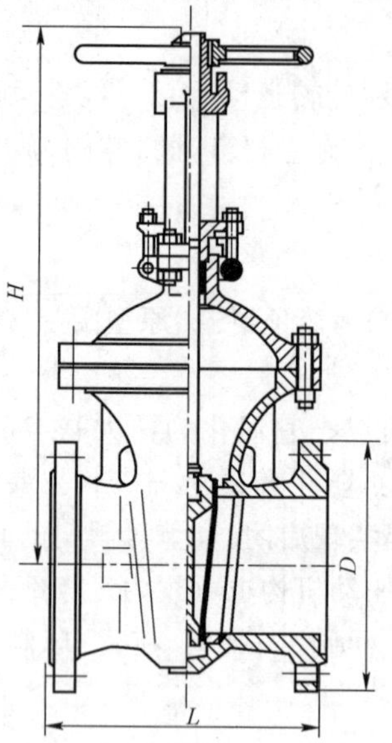

图 4-39　闸阀示意图

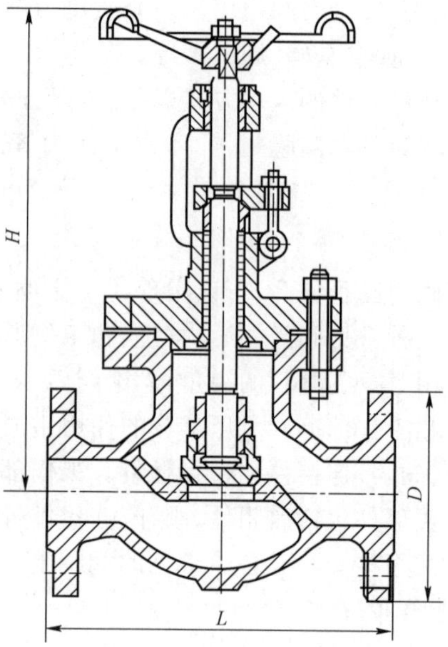

图 4-40　截止阀示意图

3）介质流经阀门时路线曲折，流动阻力较大；

4）开启时，阀瓣与阀座密封面不再接触，密封面机械磨损较小；

5）通常只有一个密封面，便于制造和维修。

(3) 止回阀

止回阀是依靠流体介质本身的流动而自动启闭阀瓣，用来防止介质倒流的阀门。根据启闭件与阀座的相对位移方式，常见的止回阀分为升降式止回阀和旋启式止回阀两种，如图 4-41 所示。

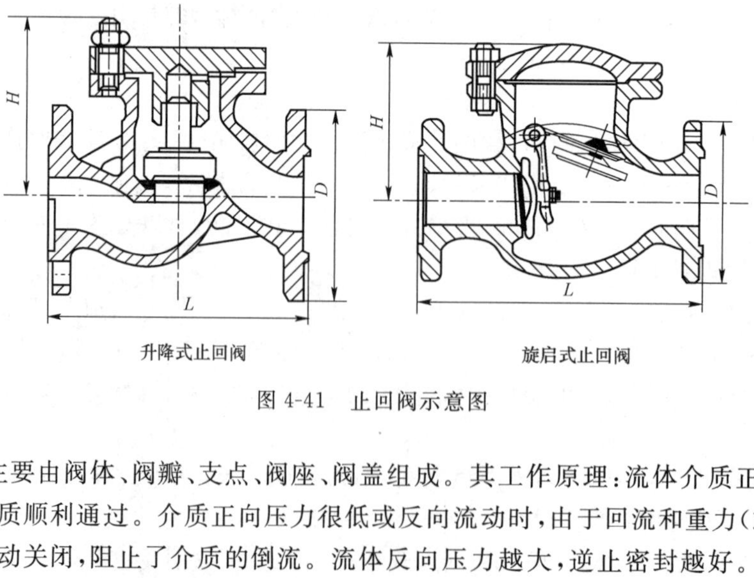

图 4-41　止回阀示意图

止回阀主要由阀体、阀瓣、支点、阀座、阀盖组成。其工作原理：流体介质正向流动时将阀瓣顶开，介质顺利通过。介质正向压力很低或反向流动时，由于回流和重力(或弹簧力)的作用，阀瓣自动关闭，阻止了介质的倒流。流体反向压力越大，逆止密封越好。由于止回阀工作时特点是快速关闭，易产生对管路有害的“水锤”现象。

止回阀常用于需要防止流体逆向流动的场合，特别是在泵的运行回路中，止回阀起着重要的作用，将止回阀放置在泵的出口处，可以防止泵叶轮反转。止回阀的应用特点：

1）升降式止回阀其阀瓣自动关闭依靠重力或弹簧力，多安装在水平管道上。其流体阻力较大，但动作可靠，密封性能比旋启式好，一般用于较小口径的工作场合。

2）旋启式止回阀的阀瓣自动关闭依靠介质逆流和自重作用，适用于水平管道和垂直管道。其流体阻力较小，但更易产生“水锤”现象。旋启式止回阀应用较为普遍，更适于较大口径的管道。

3）一般适用于洁净介质的管路中，对含有固体颗粒、黏度较大的介质管道不宜采用。

（4）隔膜阀

隔膜阀是利用弹性膜片来实现隔断介质流动的阀门。它主要是作为截断用阀，在一定的启闭区间内，也可以调节流量的作用。按照阀座结构的不同，隔膜阀可以分为堰式隔膜阀，如图 4-42 所示为直通道式隔膜阀。

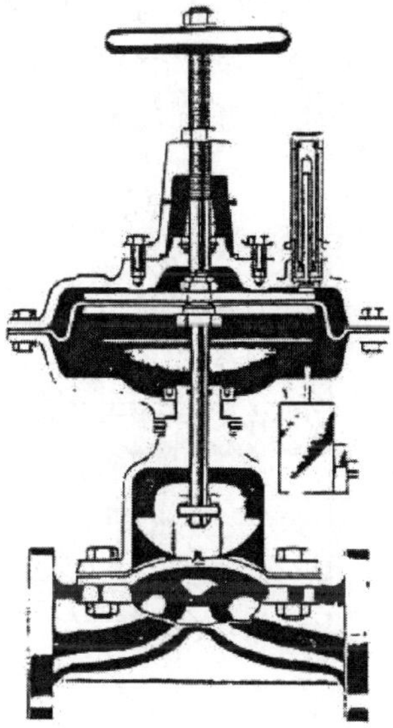

图 4-42　隔膜阀示意图

隔膜阀的结构简单，省却了阀杆密封材料，主要由阀体、隔膜、阀杆、阀座构成。其主要工作原理：启闭件（隔膜）由阀杆带动沿阀杆轴线方向上下挠变运动，以此达到开启、关闭阀门通道的目的。当调节隔膜膜片与阀座距离时，也可以起到调节介质流量的目的。

隔膜阀的应用特点：

1）适用于带放射性的流体、腐蚀性流体、带悬浮颗粒的流体和清洁度要求高的场合；

2）结构简单、流体阻力小、密封可靠；

3）不宜用于高温、高压管路，不宜输送有机溶剂、强氧化性介质；

4）堰式隔膜阀较之直通道式隔膜阀所需启闭操作力小、启闭行程短、隔膜挠变量小、结构紧凑；

5）直通道式隔膜阀较之堰式隔膜阀对流体阻力小，更适于黏性流体、泥浆、带悬浮颗粒的流体。

（5）旋塞阀、球阀

旋塞阀、球阀是以钻有贯通孔的柱塞或球体作为启闭件来实现流体介质的启闭、调节的阀门。旋塞阀示意图见图 4-43，球阀示意图见 4-44。它们通常被视为截断类阀门，主要用来实现对管路中介质的截断、分配和换向，但也可起到调节流量的作用。根据旋塞形状的不同可以分为圆柱形旋塞阀和圆锥形旋塞阀两种。根据其密封形式的不同，又可以分为紧定式旋塞阀、填料式旋塞阀、自封式旋塞阀、油封式旋塞阀。根据结构形式的不同，球阀可以分为浮动球球阀、固定球球阀、弹性球球阀。

旋塞阀、球阀主要由阀体、阀杆、阀塞或阀球、阀座、密封填料等构成。球阀是旋塞阀演变发展而来的。二者的主要不同是启闭件的形状不同，旋塞阀的旋塞是圆柱形或圆锥形的，中间的通孔形状为椭圆形或长方形；球阀的球塞是一个球体，中间的通孔是圆形的。旋塞阀、球阀的工作原理：流体介质流经旋塞阀或球阀，全启状态时，阀塞或阀球的通孔与阀体通道口完全相通，则阀门中介质流通；将阀塞或阀球绕其轴线旋转90°，阀塞或阀球的通孔与阀体通道口错开，则阀门闭合。

旋塞阀的应用特点：

1）结构简单，启闭迅速，操作方便；

2）流体阻力小，密封性较差，适于高黏度介质管路、小口径管路、低压管路；

3）全启时密封面与介质不接触，可用于带悬浮颗粒的介质。

球阀的应用特点：

1）结构简单，密封性能好，操作力矩小，易实现快速启闭；

2）流体阻力小，适用介质广；

3）通常使用非金属密封圈，不宜应用于高温管路；

4）功能全，不同的球阀可以实现启闭、分配、换向、调节等多种功能。

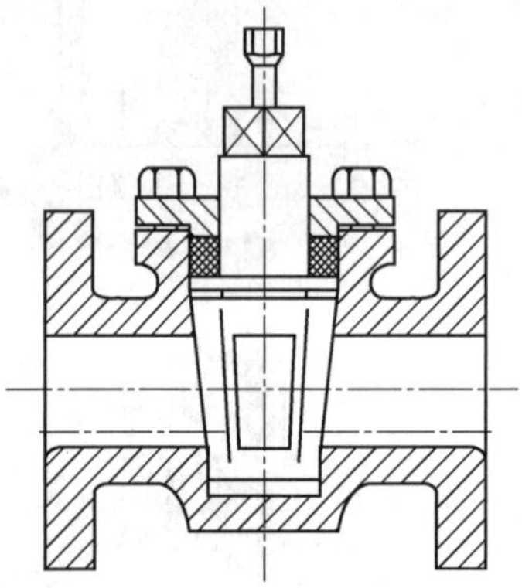

图4-43　旋塞阀示意图

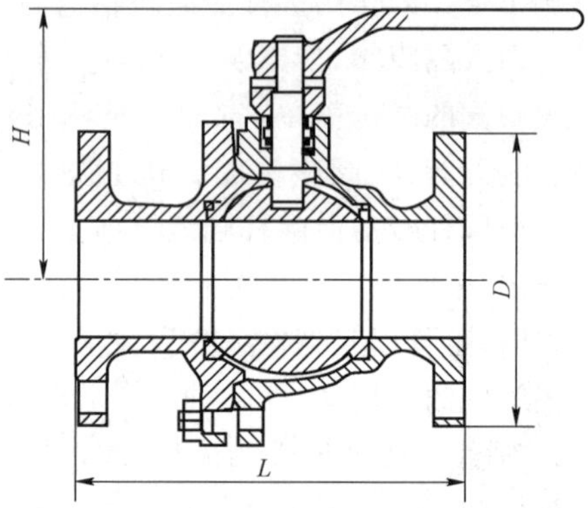

图4-44　球阀示意图

（6）蝶阀

蝶阀是以圆盘状蝶板作为启闭件来实现流体介质的启闭、调节功能的阀门。蝶阀示意图见图4-45。蝶阀属于截断类阀门，但它同时具有良好的流体控制性能。蝶阀的连接方式有法兰式、对夹式，密封面材料有软密封、硬密封，按其结构不同可以分为板式蝶阀、斜板式蝶阀、偏置板式蝶阀和杠杆式蝶阀等。

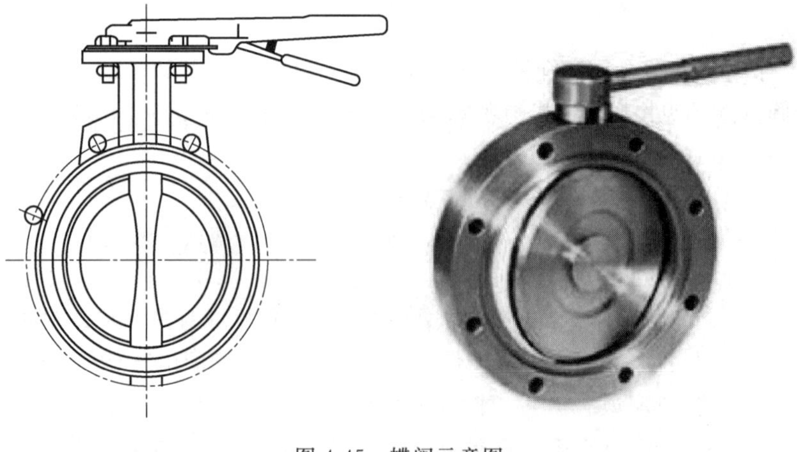

图4-45　蝶阀示意图

蝶阀主要由阀体、蝶板、阀座、阀杆和传动装置等组成。其工作原理：流体介质流经阀门，蝶板在阀体内绕水平轴或垂直轴往复旋转 0～90°，使阀门通道截面发生改变，以实现启闭、调节功能。当蝶板表面垂直于流向时，则阀门关闭；蝶板旋转 90°，即蝶板表面与流向一致时阀门全启。

蝶阀的应用特点：

1）结构简单，体积小，重量轻，适于大口径、大流量管路；

2）启闭快速，全启时流体阻力小，启闭力矩较小，操作简便；

3）当采用软密封时，适用压力、温度范围小，低压下有良好的密封性能；

4）可用于输送带悬浮颗粒的介质。

（7）安全/泄放阀

安全阀是防止介质压力超过规定数值起安全作用的阀门。广义上讲安全阀包括泄放阀。安全阀与泄放阀在结构和性能上很相似，二者都是在超过开启压力时自动排放内部介质，以保证生产装置的安全。常见的安全/泄放阀种类包括安全阀、泄放阀和安全泄放阀。

安全阀是一种由阀前介质静压力驱动开启的自动泄压装置。其特征是以急速全开启或是以跳跃方式动作，常用于气体或蒸汽的场合，见图 4-46。

泄放阀又称为溢流阀，是一种由阀前介质静压力驱动开启的自动泄压装置。其特性是其开启程度与超过“开启压力”的大小成正比，泄放阀一般应用于液体系统，见图 4-47。

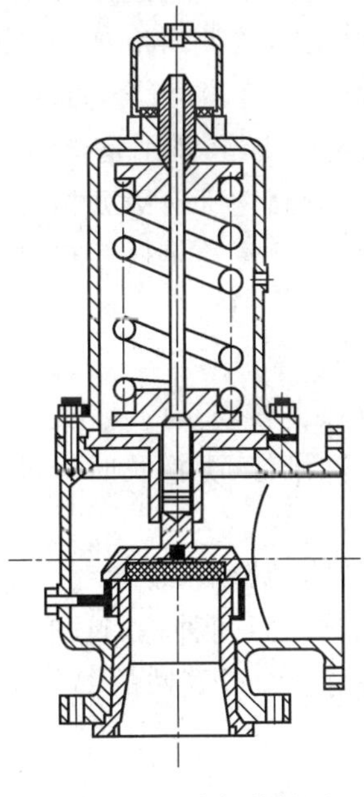

图 4 46　安全阀结构图

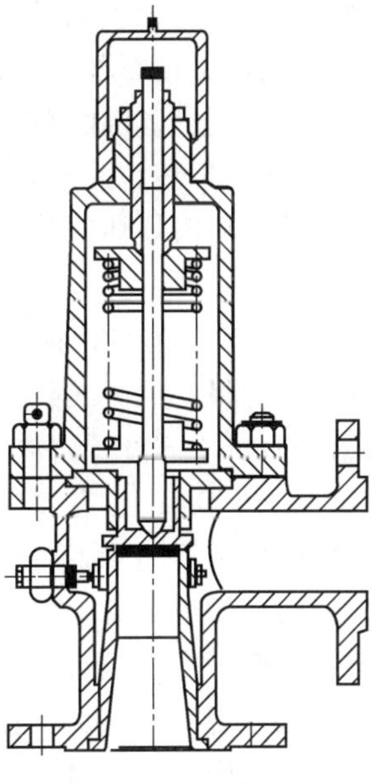

图 4-47　泄放阀结构图

安全泄放阀也是一种压力减缓阀门，也可称为安全溢流阀，其特性为快速跳跃式开启动作，或是其开启程度与超过“开启压力”的大小成正比。安全释放阀根据使用场合不同既适于作安全阀也适于作泄放阀，应用于气体或液体系统。

安全/泄放阀主要由阀体、阀瓣（阀芯）、阀座和加载机构等构成。据其加载机构的不同可以分为杠杆式、弹簧式、脉冲式（先导式）。安全/泄放阀的工作原理：压力容器或管路上的安全/泄放阀，是以弹簧或气压将阀瓣紧压阀座保持密封的，当系统内压力超过弹簧压力或预设气压时，则阀瓣被顶开，流体外释，保证了容器或管路免受超压运行的危害，当系统压力降低至一设定值时，阀瓣回复关闭。通过调节加载机构施加在阀瓣上的载荷，便可设定安全/泄放阀的开启压力。

不同于其他阀门，安全/泄放阀是保障安全的阀门，所以对其性能指标的要求，除了关注密封性能之外，更重要的是它的安全性能，特别是对于安全阀。

4. 阀门的目视检测

阀门的目视检测可以分为制造和安装阶段的目视检测、在役阶段的目视检测。前者是在阀门投入使用前的检测，重点是检测阀门的质量符合性，是一种相对静态的检测；而后者是在阀门使用过程中的检测，重点是检测阀门的使用现状，是一种相对动态的检测。

(1) 制造和安装阶段的目视检测

制造阶段目视检测的重点是检测阀门各部件及其组合与设计要求的符合性，主要包括尺寸测量、宏观缺陷检测、压力试验时的泄漏检测等。尺寸测量包括各部件尺寸、各部件配合尺寸、光洁度、平直度等方面的测量；宏观缺陷检测主要检测阀门各部件有无原材料或制造加工过程中产生的影响后续使用的缺陷；泄漏检测指在阀门压力试验时，检测阀门外表面特别是各连接部位有无渗漏现象。

安装阶段的目视检测重点是检测阀门的安装质量以及因安装不当造成的缺陷或异常。首先应检测阀门安装是否正确、得当。阀体上一般有方向标志，检测时应仔细核对，如果没有，则可根据阀门的工作原理予以识别。安装位置也很重要，位置不当，会造成操作、维修不便，也可能使阀门易损。其次应检测各部件的质量状况及配合质量，特别是检测有无由于安装、保存不当造成的损坏。此外，还需检测阀门及其连接的管路内部有无残留异物，以免影响介质流通甚至使用时损坏阀门、设备。系统压力试验时，应注意检测阀门连接部位、阀体有无渗漏现象。

(2) 在役检查阶段的目视检测

在役检查时的目视检测尤其重要，特别是在要求持续保证核安全的核工业系统。通过这一阶段的检测，可以充分了解阀门使用动态情况，为保养、维修、更换及时提供数据信息，以保证阀门、系统长期安全、有效的运行。

这一阶段的目视检测时，不仅要考虑制造、安装残留缺陷的影响，还要考虑各种运行因素的影响。对在役阀门的检测包括 VT-1、VT-2、VT-3，具体执行何种检测视有关标准规范的要求而定。一般，阀门承压螺栓、密封面、活动部件、易受冲蚀或腐蚀的部件是检测的重点。另外，对于在役阀门的泄漏检测也是非常重要的。

阀门的目视检测应包括内外表面的状况以及各组成部件的情况检测。其检测要点列举如下：

1) 闸阀目视检测的要点

① 首先应检测闸板楔块和阀座密封面，主要检测有无影响使用损伤痕迹，当要检测裂纹时，建议同时进行液体渗透检测，以发现目视难以发现的微小裂纹。

② 对于闸板楔块导向肋及其滑动面的状况，应检测其间隙是否太大、是否存在划伤或磨蚀痕迹。导向肋表面间隙过大可导致阀门关闭时密封面之间磨损过大，造成泄漏。

③ 闸板楔块的上游密封面和阀体的下游密封面处最容易发生浸蚀、磨损。卸下密封环

后，应仔细检测密封表面是否因浸蚀、磨损而产生泄漏。

④ 填料函也是重要的检测部位。卸下填料后检测填料函箱壁上是否存在腐蚀，同时也要检测阀杆是否受到浸蚀或受到填料的过度磨蚀。

⑤ 对于阀杆，应检测其有无弯曲变形、光洁度不够。对于阀杆与闸板楔块的结合处，则应检测其结合是否牢靠，有无过度松动或是磨损及腐蚀。对于阀杆及与其啮合之螺母螺纹，应检测有无开裂、磨损、擦伤或腐蚀等情形。

⑥ 对于阀体内表面则应检测有无过度磨损或冲蚀，尤其要注意有无受到蒸汽冲损。

2）截止阀目视检测的要点

① 与其他阀门一样，首先要检测阀瓣与阀座密封面有无各种物理损伤。

② 检测阀瓣导向件表面、阀体、密封环表面是否有划伤和磨损的痕迹，是否对中不准或装配间隙过大。

③ 阀杆要检测是否垂直、是否存在损伤或腐蚀。阀杆与阀瓣连接处的间隙是否适当，此外还应检测有无腐蚀现象。

④ 对于阀体内表面，应检测是否有磨损、冲蚀等现象。

3）止回阀目视检测的要点

① 升降式止回阀的检测要点同截止阀。

② 旋启式止回阀也应先检测阀瓣和阀座密封面是否存在各种物理损伤。检测密封环后是否存在泄漏。检测阀瓣安装是否正确，有无装倒。检测铰链销、铰链和阀瓣是否磨损、间隙过大，或存在由于密封面对中不好引发的泄漏痕迹。

4）隔膜阀目视检测的要点

① 隔膜阀靠隔膜膜片承受压力，所以首先要仔细检测膜片的完整性，是否存在膜片老化、毁坏、破裂等现象。

② 与其他阀门一样，检测阀体与阀盖接合处有无泄漏痕迹。

5）柱塞阀、球阀目视检测的要点

① 检测密封面表面是否存在可导致泄漏的裂纹、磨损、腐蚀等物理损伤，特别要注意阀座密封面水平中心线处，这里往往是首先磨损的部位。

② 检测填料函和阀杆推力轴承是否存在腐蚀或磨蚀痕迹。

③ 查验柱塞通道或球通道与阀体之间的对准性，如果对准欠佳，则易造成紊流，加速冲蚀。

6）蝶阀目视检测的要点

① 检测蝶板、阀座密封面有无损伤。在检测阀座表面时，应特别注意容易发生冲蚀现象的水平中心线附近的表面。

② 检测弹性密封或阀体内衬有无损坏或变形，弹性密封与蝶板对位是否恰当。

③ 仔细检测阀杆有无变形。

④ 检测轴承表面和限位块是否过度磨损、腐蚀。

7）安全/泄放阀目视检测的要点

① 由于其在安全上的重要性，一般安全阀需要经过有资质的单位进行定期检测，以评价其各方面的性能。目视检测人员可以检测其铅封是否完好，有无明显异常。

② 目视检测的要点可以参考其他阀门，另外应仔细检测弹簧的状况，以及各接合部位

有无泄漏。

各类阀门检测前，建议先设计一个检测清单列表，以避免漏检，同时便于记录各种检测数据、信息。

5. 各类阀门目视检测常见缺陷

综合上面的叙述，我们可以归纳出以下一些阀门目视检测中常见的缺陷或异常。

(1) 密封面损坏。可以是制造、安装过程中产生的，也可以是运行中由于介质冲蚀、机械磨损造成的。

(2) 安装不当、操作不当引起的阀杆变形或损坏。

(3) 阀门连接部位的异常或损坏。如各连接部位的泄漏痕迹、锈蚀等。

(4) 其他各组成部件在制造阶段、安装阶段、使用阶段产生的宏观缺陷或损坏。

(5) 阀门部件影响使用的装配不良。

第五节 设备支承的目视检测

核安全是至关重要的，所以要求所有部件都有足够的可靠性，设备支承也不例外。民用核安全设备系统的管道、承压容器的支承十分重要，必须能够保持整个系统的正常功能，目视检测应检测设备支承安装是否正确、功能是否正常。

在本节的描述中设备支承并非单指工业设备的支承，而是管道、容器等所有工业系统部件支承的统称。

一、设备支承的作用

设备支承用于承受设备或部件的载荷，并将其传递到厂房建筑的金属构架或结构上。

设备支承广泛应用于管道系统、承压容器等场合，其基本功能是承重、限位和防震。它既可刚性地将设备固定就位，也可使设备限制在很窄的范围内运动，或者进行阻尼运动。

设备支承作为机械结构装置，用以连接设备及建筑结构，其构造基本上可以分为一次构件和二次构件。一次构件用来传递设备载荷；二次构件用来支撑一次构件的零件。

设备支承设计时必须考虑到设备重量和设备位置，同时需要考虑设备静止状态时的静态载荷的影响，此外还必须考虑正常运行时瞬态载荷、异常条件下动态载荷的影响。正常运行时的载荷和运行瞬态载荷的发生、影响在系统日常运行中是可以预料到的。而异常载荷情况的发生则是不可预期的。所以，在设计阶段就应依据可能遭受的异常事件来选择、应用不同种类的设备支承，保障系统正常运行。

二、设备支承的常见类型

从设备支承可能发生的位移来看，设备支承受力时可能的位移方向主要有三个基本方向：水平方向(X 轴)、垂直方向(Y 轴)、纵向(Z 轴)。支承运动发生时可能出现在一个轴线方向上或者多个轴线方向上，比如管路中的水温升高可引起管路膨胀延长，于是造成纵向的位移。又如管路发生水锤现象，则发生垂直及纵向的位移运动。

设备、部件或管道和设备支承都需要使用一定的附件以使其能将载荷传递至建筑结构上。这些附件有下列三种：

(1) 整体性附件:附件是以焊接、锻造或铸造等方式附着,如支耳、垫块、裙筒等;

(2) 非整体性附件:附件是以机械方式连接至部件或设备上,如以螺栓连接、插销连接、管夹连接、轴承连接、鞍座等;

(3) 组合式:指组合使用整体性附件和非整体性附件,比如以管夹支撑在管路上的焊接支耳,以防管路移动。

常见的设备支承可以分为以下四类:吊架、支架、限位器、阻尼器。

1. 吊架

在设备或部件上方吊挂承重的设备支承称为吊架,示意图见图 4-48。吊架一般用于管道系统,通常垂直安装,其构件受到的主要为拉应力(工作状态时也会受到压应力)。通常吊架设计简单,仅有少量零件和连接件组成。典型的吊架组成是由一根连到设备上的连杆附接到用螺栓锁接的管夹上而成。

吊架包括三种常见形式:杆式吊架、恒力弹簧吊架和可变弹簧吊架。

(1) 杆式吊架一般仅吸收拉伸载荷,而不吸收压缩载荷,也不允许热运动。如图 4-49 所示,吊杆可以围着它的轴作适度的旋转,旋转允许的旋转圆锥面不大于 4°,也即在水平方向上,轴的偏移不得大于 4°。

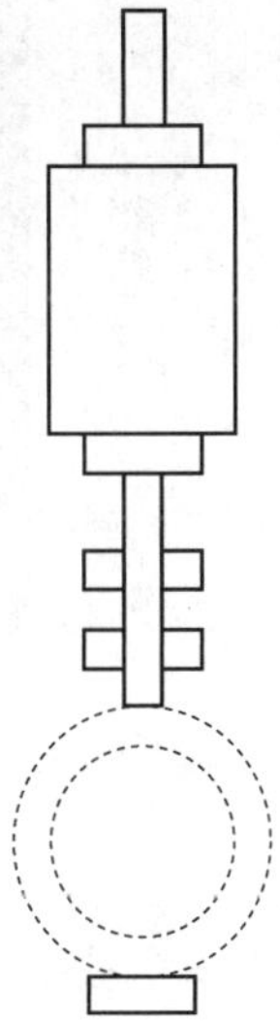

图 4-48　吊架示意图

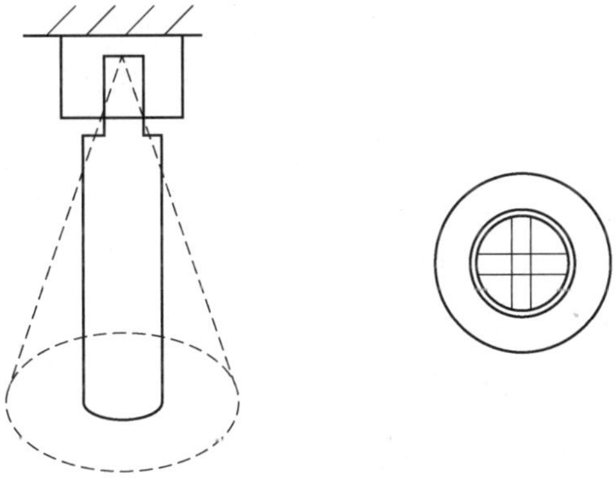

图 4-49　杆式吊架及其旋转锥面

(2) 恒力弹簧吊架,如图 4-50 所示,主要用于有较大垂直位移的管道,这种吊架允许所支承的管道或其他设备发生一定的偏移,恒力弹簧吊架与可变弹簧吊架的差别在于:支承力不随设备偏移而变化。恒力弹簧吊架不能吸收地震载荷或其他动载荷。

(3) 可变弹簧吊架,如图 4-51 所示,主要用于一定范围内有垂直方向位移的管道、设备,这种吊架允许存在热偏差,由于热偏差导致弹簧线圈偏转,造成支承力特征变化,即弹簧或多或少吸收与偏转有关的载荷,吸收量与弹簧变化率和热偏差有关。可变弹簧吊架也不能吸收地震或其他动载荷。

2. 支架

在设备或部件下方支撑重量的设备支承称为支架,也可称为支撑、支座,示意图见图 4-52。支架一般也是垂直安装,其构件受到的主要是压应力。支架的形式很多,典型的

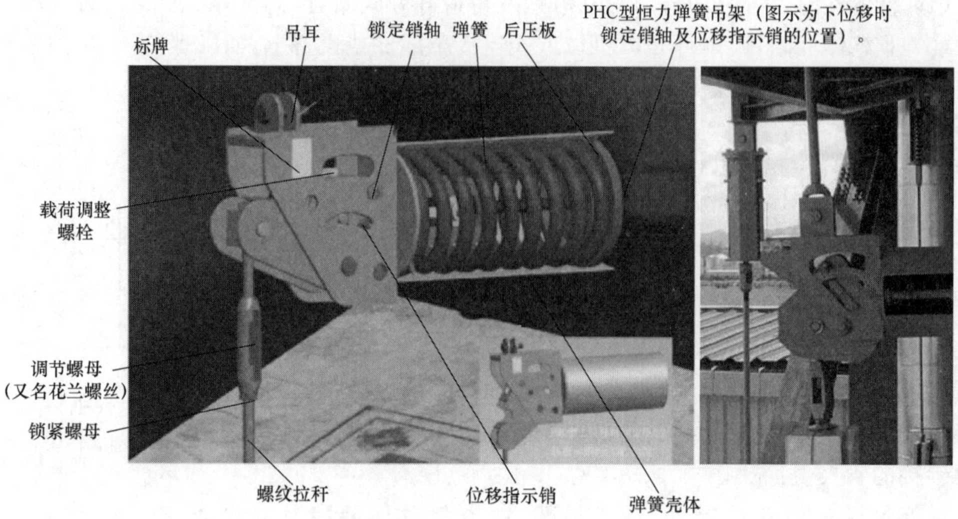

图 4-50 恒力弹簧吊架

支架由一个鞍座、管夹或T型垫块放置于设备或部件下方组合而成，用以支撑设备或部件重量。大部分承压容器均附有支架，将容器的重量传递到地面上，并就地将容器锚固在地板上。支架通常有板状、壳状或标准支架，也可能包括恒力弹簧或可变弹簧等附件。

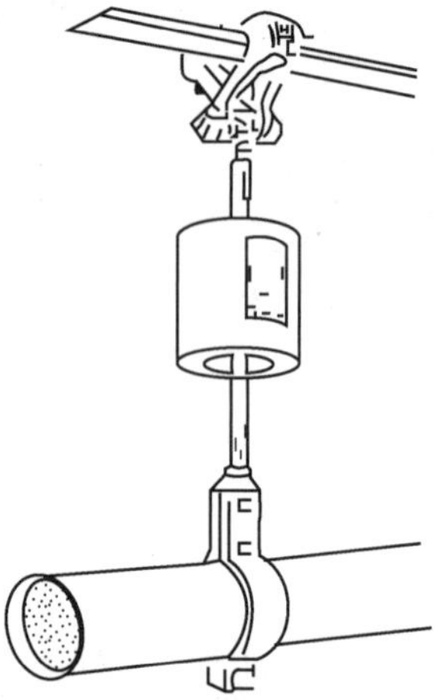

图 4-51 可变弹簧吊架

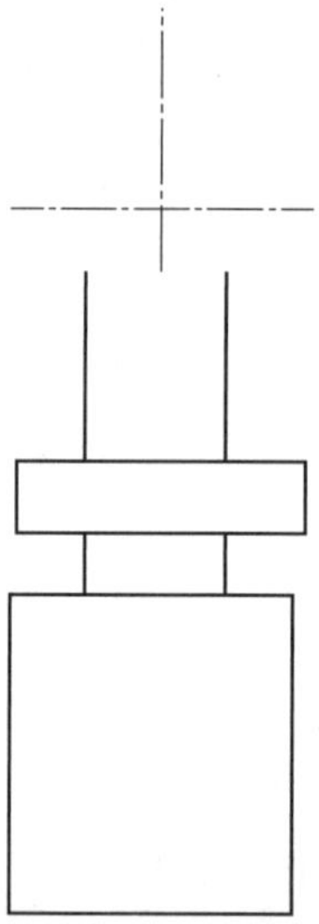

图 4-52 支架示意图

3. 限位器

限位器是用于阻止、限制或控制设备、管道位移的机械装置，示意图见图4-53。限位器并不支承设备、管道重量，但它吸收拉应力或压应力，如地震或其他突发事件产生的力。除了不允许热运动外，它们的功能与减震器类似。限位器一般限制在几个方向上的运动，而允许在某个方向上的运动。

典型的限位器刚性地将设备或管道与建筑物结构连接起来。限位器可做成鞍型、框架型,或者设置支耳,上方焊接到设备上,下方固定到地面建筑结构上。限位器可在设备或管道周围的任一位置进行安装。

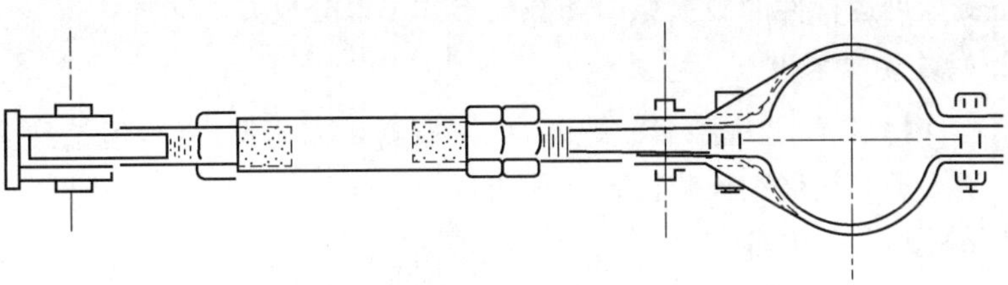

图 4-53 限位器示意图

4. 减振器

减振器是用于减轻设备、管道等部件遭受动态载荷(包括异常和瞬态载荷)影响的机械装置。连接到设备、管道和建筑结构上的附件通常为焊接支耳或是螺栓锁接的管夹。减振器用机械插销连接就位固定。减振器有机械式和液压式两种。机械式减振器,如图 4-54 所示,主要由支承缸、惯性质量块(包含离合弹簧)、扭矩传递鼓(包括卷簧)、端塞组件和防尘罩组成。液压式减振器,如图 4-55 所示,结构中则包含一些阀门和控制机构。机械式减振器和液压式减振器原理不同,但要达到的目的相同,即在有异常载荷或动态载荷期间约束管道或设备运动,同时也允许系统正常运行期间的热运动。

图 4-54 机械式减振器

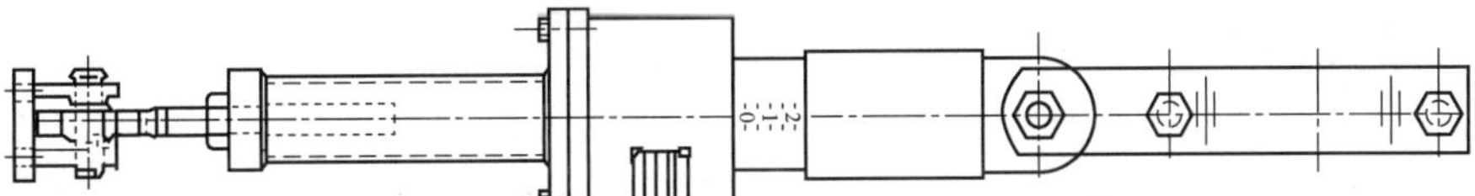

图 4-55 液压式减振器

三、设备支承破损的常见原因

无论是管道系统、承压容器的破损还是设备支承的破损,都是核工业十分关注的事情。而在运行时设备支承的状况会直接影响管道系统、承压容器的状况,所以应重视对设备支承的检测。要做好目视检测工作,除了了解各种设备支承的结构、工作原理之外,还需了解其破损原因、破损形式。

设备支承多用于承重和吸收载荷,尤其在经历异常载荷时,设备支承必须吸收更多的运动载荷。大多数设备支承破损并不始于异常事件发生的时刻,而是由作用于支承件的较小载荷引发的。而这些支承件往往本身有缺陷或者老化,以致不能承受低于最大设计载荷的载荷。为此,必须定期地检测设备支承,以保证在设备支承出现破损之前采取修整措施。

影响设备支承可运行性的破损原因和破损形式可以分成如下5种:

1. 构件缺陷及安装不当

设备支承构件材料、焊缝中隐藏的缺陷,目视检测是无法发现的,但是许多表面缺陷可以检测到。检测人员必须仔细检测设备支承的各构件表面,以发现:

(1) 构件材料的表面缺陷;

(2) 螺栓、螺杆、螺母上的螺纹劣化或变形;

(3) 螺栓、螺杆、螺母松动或扭矩不当;

(4) 零件尺寸不符;

(5) 垫片、开口销、锁紧螺母丢失;

(6) 焊缝粗糙、焊穿及其他焊接缺陷。

2. 物理损伤

物理损伤是另一种迅速导致设备支承破损的原因。物理损伤可能是人为的,也可能是其他外力所致,会影响到设备支承的可运行性。物理损伤包括:

(1) 构件弯折、扭曲、变形;

(2) 零件翘曲、过烧;

(3) 销、螺母、载荷标尺或标识号丢失;

(4) 销、螺母、螺栓、焊缝上裂纹、断裂;

(5) 基础混凝土缺损;

(6) 螺杆等被拉长。

3. 过载

当设备支承上的载荷超过设计载荷时,就会出现过载破损,这种破损是迅速出现的,且破损一般比较严重,很容易检测到。常见的过载破损形式如下:

(1) 焊缝开裂;

(2) 销断裂;

(3) 杆断裂;

(4) 螺纹磨损;

(5) 安装板变形;

(6) 埋置螺栓及安装板的地方混凝土开裂;

(7) 零件(杆、螺栓、销)扭曲、弯折;

(8) 螺栓孔或销孔变形。

4. 腐蚀

最常见的损伤类型和造成破损的原因是腐蚀。如在核电厂高温高湿环境里,腐蚀是不可避免的。设备支承暴露表面上发生最多的是均匀腐蚀,可见到一薄层金属氧化物。局部腐蚀是十分有害的,往往出现在狭小的区域内,深入到材料内部,形成腐蚀坑。局部腐蚀也可能出现在设备支承的遮盖区域或封闭区域。在此情况下,需要移走遮蔽物,才能实施目视检测。典型的腐蚀损伤包括：

(1) 构件表面上的薄层或厚层锈蚀；

(2) 构件表面浅的或深的腐蚀坑；

(3) 构件外露表面或缝隙处的腐蚀产物及材料耗损；

(4) 载荷标尺上铆钉丢失；

(5) 滚珠或轴承不能正常动作；

(6) 螺栓、螺杆、螺母上螺纹磨损；

(7) 构件材料有被冲蚀的区域。

5. 疲劳

有载荷与无载荷长期交替发生，设备支承就会产生疲劳，严重的导致破损。通常在特殊的高载荷的小区域内(如凹坑、槽、螺纹根部和形状不规则的孔内)，往往存在初始微裂纹。大多数物理损伤和加工质量差的区域是产生微裂纹的起始区域，随着载荷循环，这些微裂纹不断扩展，直至设备支承破裂。由于这些疲劳裂纹往往非常微小，目视检测很难检测到。典型的疲劳裂纹破损表现为：

(1) 穿过或临近焊缝的线性裂纹，或裂隙；

(2) 螺纹根部裂隙或开口；

(3) 临近管夹的杆、螺杆、管子上的裂隙或开口。

四、设备支承在役目视检测

设备支承的目视检测可以分为制造时的检测、安装时的检测和在役检查时的检测。这三者主要是检测时机的不同。在役检查时除了要检测运行中产生的缺陷外，也要求检出制造、安装阶段残留的缺陷，以下将举例讲解不同类型设备支承在役检查时的检测要点。

1. 吊架的目视检测

吊架安装好后，必须仔细检测吊杆将设备重量传递到结构元件的行程，确保符合设计要求。并检测所有零件是否处于良好状态、所有设置和调整是否恰当、正确。此外还需检测螺孔内的螺纹啮合是否良好、外壳是否开裂、壳体与弹簧有无物理损伤等。

(1) 如图 4-56 所示的吊架结构，关键检测区域和典型破损如下。

1) 关键检测区域

① 螺杆和支耳眼上的锁紧螺母和螺纹；

② 夹具上的螺栓、螺母和垫片；

③ 临近夹具的管子表面；

④ 支耳与螺栓连接处。

2) 典型的破损

① 耳孔和螺栓的弯曲或变形；

② 螺杆或螺栓的螺纹磨损；

③ 锁紧螺母松动；

④ 销子脱落；

图 4-56 吊架(机械连接到管道)

⑤ 管夹滑动引起的管子表面的划伤；

⑥ 严重的深度腐蚀。

(2) 如图 4-57 所示的吊架结构，关键检测区域和典型破损如下。

1) 关键的检测区域

① 杆或耳眼上的锁紧螺母及螺纹；

② 弹簧壳体内的螺纹啮合；

③ 弹簧壳体附件；

④ 结构件；

⑤ 弹簧壳体、弹簧、指示牌。

2) 典型的破损

① 载荷指示牌丢失，载荷设置不当；

② 耳孔和螺栓弯曲变形；

③ 结构件上焊缝开裂、螺栓断裂；

④ 锁紧螺母松动；

⑤ 杆或螺栓螺纹磨损；

⑥ 开口销丢失；

⑦ 严重的深度腐蚀。

图 4-57 吊架(可调弹簧)

2. 支架的目视检测

管道系统常用的支架有：滑动座、夹具、T 形鞍座，用于传递管道重量。承压容器则常用裙座或支腿来支撑，将容器的重量传递到地面。

大多数支架只有一个锚固器，用它在三个方向限制设备运动。固定器可垂直支撑设备、管道，也可水平支撑设备、管道，大多数的锚固器用整体性附件连接到设备、管道上。

(1) 关键检测区域

支架的关键检测区域在载荷作用路径上。从设备开始，所有非整体性连接附件和整体连接附件都要检测，支架构件上的所有销、螺栓、螺母和焊缝也都要进行检测，埋置到结构件上的非整体性或整体性附件除外。

(2) 典型的破损

典型的破损包括：螺母、螺栓、销、铆钉松动；在整体性附件上焊缝及其附近出现气孔和裂纹；支架、设备近焊缝表面的电弧击伤。

3. 限位器的目视检测

限位器，一般只允许在某方向上的运动，而限制在其他方向上的运动。

(1) 关键检测区域

1) 至承压边界的焊缝；

2) 限位器的各构件之间整体连接、机械连接处；

3) 间距、间隙、接触零件。

(2) 典型的破损

1) 焊缝及其附近的气孔、裂缝、腐蚀；

2) 在滑动面上不能自由地运动；

3）间距尺寸和间隙尺寸过大或过小；

4）限位器扭曲；

5）限位器或设备、管道表面电弧击伤；

6）严重的深度腐蚀。

非整体性附件机械连接到管道的限位器，其关键检测部位和典型破损如下。

（1）关键检测区域

1）临近夹具的管道表面；

2）螺栓、螺母、销、夹具表面；

3）限位器各构件之间的连接件；

4）间隙、间距、接触零件；

5）连接到结构件上的附件。

（2）典型的破损

1）由于夹具滑动引起的管道表面划伤；

2）螺母、销、螺栓、锁紧销松动；

3）间隙、间距的尺寸过大和过小；

4）限位器的扭曲变形；

5）不能自由运动、不能自由滑动；

6）严重的深度腐蚀。

4. 减振器的目视检测

对减振器进行目视检测时应核对是否符合设计要求，并检测其构件和机械连接的完整性。

以下列举减振器目视检测的项目、要点及可能发现的破损、缺陷。

（1）核对减振器编号；

（2）减振器位置、高度调整；

（3）检测有无零件松动（螺栓、销、开口销、螺母松动或其他可能指示附件松动的运动）；

（4）检测有无异物碎屑；

（5）检测构件上有无异常腐蚀或腐蚀产物（如硼酸晶体、严重腐蚀）；

（6）检测有无构件磨损、浸蚀（擦伤、刮伤等）；

（7）检测有无物理损伤（弯曲、变形、构件移位、不能滑动）；

（8）检测焊缝的完整性、机械附件的完整性（确定附件无损伤，所有螺母内螺纹啮合）；

（9）检测有无零件丢失，零件有无规格不当（安装板的大小或厚度、螺栓型式、螺栓孔过大、垫片等）；

（10）检测建筑结构附件（应无混凝土开裂、夹子松动、焊缝开裂）；

（11）检测滚珠和轴承（应无锈蚀，润滑好）。

5. 设备支承缺陷图例

设备支承缺陷图例如图 4-58、图 4-59 和图 4-60 所示。

图 4-58 吊杆弯曲

图 4-59 螺母松动

图 4-60 螺母脱落(缺失)

第六节 容器的目视检测

一、压水堆核电厂常见的设备

与其他行业一样,在核工业中要实现特定的试验、生产目的,必然要建立一系列由众多设备、部件组成的互为支撑的系统。在各个系统中,设备是实现其预定功能的重要装置。由于系统所具有的封闭性、承压性,设备往往是以承压容器的形式存在的。承压容器也可称为压力容器,是具有特定功能的承受一定压力的容器,用以实现反应、传质、传热、分离、贮存等生产工艺过程。用于实现贮存功能的除外,实现其他功能的承压容器都可称为设备。为叙述方便,下述内容中的设备和容器可视为同一个概念。

1. 核岛部分常见的设备

核岛部分常见的核级设备有反应堆冷却剂系统及其辅助系统的众多设备,如反应堆本体、稳压器、反应堆冷却剂泵、蒸汽发生器、高压安全注射泵、余热排出泵、安全壳喷淋泵、上充泵、再生热交换器、下泄热交换器、安全注射箱等。

2. 常规岛部分常见的设备

常规岛部分的设备与常规发电厂类同，其管理、维修、检测要求也基本参照电力系统的模式。

在常规岛内主要是构成汽轮发电机组的设备，如汽轮机、发电机、凝汽器、汽水分离再热器、除氧器、低压加热器、高压加热器、凝结水泵、给水泵、给水加热器等。

二、容器的目视检测

1. 承压容器简介

承压容器形形色色，不胜枚举，在讲述容器的目视检测之前，不妨先对承压容器作一个化繁为简的介绍，这对于理清检测思路应该是有帮助的。典型承压容器结构示意图见图 4-61。

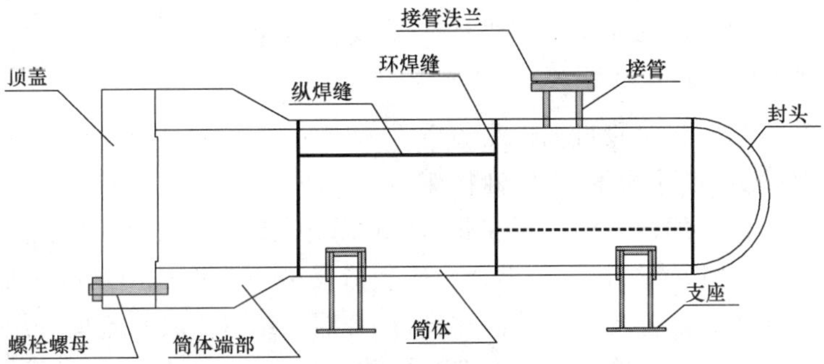

图 4-61　典型承压容器结构示意图

核工业中绝大部分承压容器都是钢制的。就外形而言，承压容器有球形容器、圆筒形容器、锥形容器、组合形容器等。圆筒形容器受力较均匀，承载能力也较高，且制造方便、拆装内件容易，是应用最广泛的容器形式。就放置方式而言，承压容器可分为垂直放置的立式容器和水平放置的卧式容器。但不管容器的外部形态如何，其构成大致都可以分为以下六大部分：a. 筒体；b. 端盖（封头或顶盖）；c. 接管和开孔；d. 内件；e. 外部附件；f. 支座。

筒体是容器的主要组成部分，容器的压力空间大部分由它构成。容器直径较小时，筒体可以采用无缝钢管；直径较大时，则大多是用卷板机将钢板卷成圆筒形筒节。中间的缝隙采用焊接封闭成形，这就是纵向焊缝，简称纵缝。若容器较长时，往往需要若干个筒节组成筒体，筒体与筒体之间的对接焊缝称为环向焊缝，简称环缝。筒体的结构有整体式和组合式之分。

容器要形成密闭空间，必须用端盖对筒体两端进行封闭。端盖通常称为封头，包括半球形封头、椭圆形封头、碟形封头、锥形封头、平盖等形式。从受力情况来看，半球形封头最好，其次是椭圆形封头，碟形、锥形封头较差，平盖最差。而从制造难易程度来看，则正好相反。椭圆形封头、碟形封头综合性能较好，应用最为广泛。端盖与筒体的连接方式最常见的是焊接。当容器内件需要经常检修或更换时，则采用可拆式结构，此时，端盖与筒体之间必须有密封元件，以保证容器的密封性。

由于工艺要求，容器表面往往需要安装接管。要安装接管，则必然要在容器上开孔。开孔可以是为了安装接管，也可以是为设置人孔、手孔、观察孔，或是为了安装压力表、安全阀等安全附件。开孔必然造成容器结构上的不连续，强度被削弱，是容器上的一个主要薄弱部位。开孔附近容易成为容器的破坏源。在役检查时，开孔处应该成为重点检测对象。

内件是容器实现其功能的重要组成，其构成由生产工艺决定，种类繁多，在此不作介绍。在对具体对象进行目视检测前，需要对其内件组成、结构进行充分了解。内件与筒体的连接、内件结构件状况是检测的重点。

外部附件包括安全附件和其他附件。安全附件主要指监控承压容器运行参数、保障容器安全运行的附件，如压力表、温度计、液位计、流量计、安全阀、爆破片等。其他附件有吊耳、吊轴、梯子支架等。

承压容器是依靠支座固定在建筑基础上的，支座可以使容器在运行中保持稳定。支座结构形式的确定要考虑容器重量、容器形状、安装位置、附加载荷等因素。立式容器的支座主要有悬挂式、支承式、支腿式、裙式等；卧式容器的支座主要有鞍式、圈座式、支承式等，其中鞍式最为常见；球形容器的支座则主要有柱式、裙式等形式。

2. 制造和安装阶段的目视检测

设备、容器制造和安装阶段目视检测的主要内容包括：制造材料缺陷检测、焊接缺陷检测、形状结构缺陷检测、尺寸测量、完整性检测等。

制造材料缺陷检测、焊接缺陷检测在前面的章节中已有较为详细的叙述。

形状结构缺陷是指因为结构设计不合理或制造安装不当造成的结构不良和形状缺陷。从历史经验来看，相当一部分的事故是由于设备、容器的结构不良引起的。结构设计不合理不仅会增加制造的难度，容易产生制造和安装缺陷，而且往往不便于进行无损检测。此外，结构不良的地方通常也是应力集中区域，易在投入使用后产生破坏。所以在制造、安装阶段，目视检测人员应重视形状结构缺陷的检测和记录，一方面可以及时发现设计、制造中的重大缺陷，另一方面其检测结果可以为在役检查提供翔实的基础数据。要判断容器的结构不良，就必须掌握容器设计中的一些原则，举例如下：

(1) 焊缝应尽量避开应力集中区域。如容器开孔应尽量避开焊缝，孔边缘与焊缝的距离，应大于筒体或封头实际壁厚的 3 倍，且不小于 100 mm；如同一容器相邻筒节的纵缝必须错开，距离大于 3 倍筒体壁厚且不小于 100 mm，不允许有十字焊缝出现。

(2) 结构不连续处应圆滑过渡，如封头形状过渡部分，如各种开孔、接管的内外转角处。

(3) 避免采用刚性过大的结构，以免容器产生过大的变形拘束，比如安装了两个以上支座的容器，只能有一个支座是固定式的，其余应为活动式的。

(4) 避免产生过大的局部应力，如焊缝区域会产生较大的局部应力集中，所以应尽量减少焊缝数量。如开孔会使容器壁强度削弱，且会造成局部应力集中，所以应尽量减少开孔、避免开大孔。

从以上原则我们可以确立容器形状结构缺陷检测时的重点：封头型式、封头与筒体连接方式、开孔和补强、焊缝布置情况、支座型式和布置情况、接管和法兰结构等。

尺寸测量应贯穿设备、容器制造的始终，既需要在制造、安装过程中进行各种尺寸测量以控制制造、安装质量，也需要在容器制造安装完毕后对有关部件、部位进行尺寸测量，以对容器质量进行验收。制造、安装过程中的尺寸测量包括对焊缝坡口几何尺寸、各成形零件的外形尺寸、容器开孔位置、容器拼装组对尺寸等进行测量。容器制造、安装完成后，则需要测量容器筒体不圆度、容器棱角度、错边量、焊缝余高、焊缝宽度、咬边深度和长度、角焊缝焊喉和焊脚、封头表面凹凸量、封头直边高度、封头纵向皱折等数据，并作记录、保存。

完整性检测是检测设备、容器各组成部件的完整性，如铭牌是否安装、保温是否完整、内件是否齐全、紧固件有无缺失等。

3. 在役阶段的目视检测

在役检查前，首先应做好充分的检测资料准备和检测设备的准备。

检测资料准备包括：

(1) 设备原始资料的准备，如设计、使用说明书，竣工图纸，质量检测报告，验收记录等；

(2) 以往的检测资料，包括役前检查、历次在役检查的报告；

(3) 重大变动、改造、修理的记录。

从这些资料中，检测人员可以对设备、容器的历史情况和目前状况有充分的了解，对于正确进行检测、确定检测重点大有益处。

检测设备准备包括：

根据检测对象准备好相应的检测设备、器具，并保证这些设备、器具的有效性。

检测现场条件的准备包括：

(1) 设备、容器被检表面的清理，包括拆除保温、除锈等。

(2) 设置必要的检测设施，如脚手架、照明等。

(3) 当要进行内部目视检测时，应确认内部介质已经排空，并已做好有效的隔断。同时，应清理内部被检表面。进入容器前，必须先测氧气含量、检测辐射水平、检测放射性污染水平。内部检测时应有专人监护，并有可靠的防护、联络措施。

设备、容器的在役目视检测依据检测部位的不同，可分为外部目视检测和内部目视检测。这一分类不能割裂看待，我们经常需要对设备的外部和内部都进行检测，以全面、正确评价设备状况。在役检查时，除了进行与制造、安装阶段一样的检测内容外，更重要的是检测发现设备、容器的在役缺陷和异常，如裂纹或开裂、腐蚀、变形、损伤、结构破坏、泄漏、部件松动等。因为这些缺陷或异常往往具有扩展性，极具破坏性。通常，焊缝和结构不良处是在役目视检测的重点部位。

(1) 容器外部目视检测

在核对容器设备编号后，外部目视检测主要检测、观察容器外表面及其附件，以评判容器的使用状况。

外部目视检测的内容包括容器结构完整性检测、表面缺陷检测、泄漏检测、安全附件检测和紧固件检测等。

容器结构完整性主要检测各结构部分是否保持完整，有无异常。如基础有无倾斜、下沉；如支座有无变形、损坏；如封头或筒体表面有无鼓包或者凹陷，等等。

表面缺陷检测主要为了检出运行产生的裂纹、开裂、腐蚀等在役缺陷。焊缝区域、结构不良处、结构不连续处、结构完整性检测的异常部位都是检测的重点。为了检出微小缺陷，检测人员可以借助放大镜对怀疑处进行仔细分辨，必要时还需用其他无损检测方法进行进一步的验证。

泄漏检测主要是观察容器是否存在泄漏情况。我们可以从容器表面的泄漏痕迹、容器周围地面的泄漏痕迹、检漏孔或信号孔附近的泄漏痕迹、包覆保温层外表的泄漏痕迹、法兰连接处的泄漏痕迹等情况来判断容器是否存在泄漏，以及泄漏的大致位置。

安全附件检测主要核查压力表、温度计、液位计、安全阀、爆破片等安全附件的完整性、有效性。如检测压力表的校验有效期和封印、有无破损、指针表盘有无异常；如检测液位计有无超过检修期限、液位指示是否模糊不清、液位计玻璃管有无破损；如检测安全阀的检测有效期和铅封、有无存在泄漏情况。

对于承压容器紧固件，应逐个拆下、清洗，检测其有无损伤、变形和裂纹，重点检测螺纹及过渡部位的周向裂纹，必要时进行渗透检测或磁粉检测加以确认。

(2) 容器内部目视检测

为保证检测的安全和检测效果，容器内部目视检测前必须进行充分的准备。除了前面所述进行有效隔离、内部清理和安全措施之外，检测人员必须对容器内部结构、构件组成以及内部介质工作特点、介质流向等有清晰的了解，以助对检测重点的把握。此外，在进入容器进行检测前，必须对带入的物件一一清点、登记，出容器时进行核对，以防异物落入，造成设备的损坏。

容器内部目视检测时，应首先检测内件的完整性，看有无缺损、松动。若有缺损，则很可能已对设备内壁造成损伤，应仔细查找损伤部位，并将缺损碎片全部找到，以防对设备造成新的伤害。

对于有衬里的容器，应检测其衬里的完好性。如是橡胶衬里，应检测其表面有无龟裂、鼓泡、破损；如是有奥氏体不锈钢堆焊层的容器，则可检测表面有无脱落、裂纹。

对于容器内部检测，腐蚀、冲蚀情况是检测的重点，尤其是含腐蚀介质的容器。应仔细检测容器内壁有无腐蚀现象，特别是危害更大的局部腐蚀。液位波动线附近、接管开孔处、介质流入口的对侧器壁是较容易产生局部腐蚀、冲蚀的部位。对于怀疑腐蚀减薄较多的部位，应进行测厚以测知其剩余壁厚。当容器有晶间腐蚀倾向时，还可以辅以锤击检测，用约0.5 kg的手锤轻敲容器内壁，若锤击音闷浊、手锤回弹能力较差，则提示可能存在晶间腐蚀。

对于焊缝区域、局部腐蚀处，还应仔细检测有无裂纹等缺陷存在。可借助放大镜进行观察，必要时可选用渗透或磁粉检测进行确认。

第七节 压力和泄漏试验的目视检测

下面介绍核电厂系统和部件役前检查和在役检查时的压力和泄漏试验。

系统和部件的压力试验和泄漏试验主要包括役前检查时的水压试验、停堆并影响到反应堆冷却剂压力边界完整性时反应堆恢复运行前的系统泄漏试验以及必要时每个检测间隔期进行的水压试验。

一、水压试验

水压试验是将承压部件的水压加大至高于该部件允许的最高运行压力的试验。目的是检测承压部件的强度和严密性。在试验过程中，通过观察承压部件有无明显变形或破裂，来验证承压部件是否具有设计压力下安全运行所必需的承压能力。同时，通过观察焊缝、法兰等连接处有无渗漏,检测承压部件的严密性。

二、泄漏试验

泄漏试验是指设备承受适当的压力,以检测其强度和密封性;例如在设备重新装配后,通过泄漏试验来检测机械连接处的密封性;或者对系统的某部分在经过不影响水压试验有效性修理之后,通过泄漏试验来检测该系统的密封性。

三、目视检测

在水压试验和泄漏试验目视检测时,对于系统无保温层的设备,采用直接目视检测承压设备可接近的外露表面的漏迹。如果外表面不能接近进行直接目视检测的设备,仅要求检测周围区域(包括楼面区域或位于该设备下面的设备表面)的漏迹。

在无通道可达的房间、屏蔽室等内的设备可用远程目视设备或泄漏检测系统检测。

对于系统有保温层的设备,可在不除去保温层情况下,对可接近的外露面和保温接头进行检测。对于基本上垂直的保温层表面,只需在可检测到漏迹的最低标高处进行检测。对于基本上水平的保温层表面,只需检测每个保温层的接头。在检测带保温层的设备时,为提供泄漏证据应检测设备周围区域(包括楼面区域或位于设备下面的设备表面的泄漏痕迹),或这种泄漏引流到的其他区域。

思考题

1. 简述铸锭、锻件、板材、铸件、管材的常见缺陷和目视检测要求。

2. 焊接件中常见的缺陷、大致可分为几大类?焊缝目视检测的一般要求是什么?

3. 简述制造、组装工艺及其常见的缺陷,反应堆压力容器制造过程中的目视检测内容与要求。

4. 设备安装阶段的目视检测内容是什么?

5. 设备安装阶段,焊接、承插接、主管道的目视检测的内容是什么?

6. 简述螺栓的常见结构,螺栓开裂的常见部位和螺栓螺母目视检测常见缺陷。

7. 简述泵的作用,泵运行时损坏的原因。利用哪些征兆可以发现泵的汽蚀现象存在?泵制造、安装阶段和在役阶段的目视检测内容是什么?

8. 简述阀门的作用、分类,各类阀门的结构和工作原理,各类阀门的目视检测要点。

9. 简述设备支承的作用、常见类型,设备支承破损的常见原因,设备支承关键检测区域、典型的破损。

10. 简述容器制造、安装阶段和在役阶段的目视检测内容。

11. 简述容器外部、内部的目视检测内容和要求。

12. 什么是水压试验、泄漏试验?水压试验和泄漏试验的目视检测方法有哪些?对于系统有保温层的设备或不能接近进行直接目视检测的设备如何实施目视检测?

第五章　目视检测通用工艺规程和工艺卡

检测工艺规程是检测单位根据委托方的书面要求，结合被检对象的结构特点，依据相关法规、安全技术规范、产品标准、有关的技术文件和相关检测标准要求，并针对检测单位的特点和检测能力而编制的用于指导和规范检测活动的技术文件。

检测工艺卡是具体产品（或部件）检测作业的指导性文件，一般采用表、卡的形式规定相关内容和要求。它是针对某一具体产品或产品上某一零件或部位，依据检测工艺规程、被检产品的相关技术要求和适用的检测标准等而专门制定的有关检测技术细节和具体参数的工艺文件。

检测工艺卡与检测工艺规程的主要区别在于：检测工艺规程是根据委托书、法规和标准的要求编写的。内容多为一些原则性条款，不一定很具体，需得到委托单位的同意，检测对象可以是具体的某一工件，也可以是某类工件。检测工艺卡是根据检测工艺规程结合有关标准针对某一具体工件编写的，用于指导检测人员对工件进行检测，要求内容具体，一般要求一物一卡。此外检测工艺规程以文字描述为主，检测工艺卡多为图表形式。

第一节　目视检测用工艺规程

一、工艺规程一般要求

目视检测工艺规程是目视检测人员根据法规、规范、委托方的技术规格书以及受检对象的结构型式和特点编制的针对一类对象的目视检测作业指导书。目视检测规程应有相应的文件格式，严格履行编、校、审、批等手续。

一般情况下，目视检测工艺规程应至少包括如下两方面的要求：

1. 管理性要求

（1）目的；

（2）适用范围；

（3）依据或参考的标准、规范、技术条件名称及代号；

（4）对检测人员的要求；

（5）对检测设备的要求；

（6）有关受检对象的描述；

（7）规程的编制、校对、审核、批准人员签名及日期。

2. 技术性要求

（1）检测要求：光照度，分辨率，检测时机等的要求；

（2）检测技术；

（3）检测步骤；

(4) 记录与评价；

(5) 记录和验收标准；

(6) 对检测报告的要求。

二、工艺规程的一般结构

正式发布的工艺规程一般由封页、更改记录页、目录页和正文部分组成。正文是工艺规程的主干内容，一般包含以下内容(可以视实际情况需要进行添加)：

(1) 目的。

(2) 适用范围。

(3) 参考文件(本部分有必要的情况下可以分为依据文件，主要是法规、规范、技术规格书等，另外一部分为参考文件，主要为检测计划、历史相关文件等)。

(4) 检测人员要求。

(5) 检测设备要求。

(6) 检测技术：

先决条件；

检测实施；

记录与评定。

(7) 验收标准。

(8) 检测报告。

三、工艺规程示例

1. 直接目视检测工艺规程示例

直接目视检测工艺规程针对制造、安装、在役检查过程中各类型式焊缝的目视检测编制，具有一定的通用性。

2. 间接目视检测工艺规程示例

间接目视检测针对某容器的内部目视检测编制。该容器为某电厂设备，核3级，安装期间检测。该容器为立式容器，规格为 Φ620 mm × 1 690 mm，有一个观察孔，规格为 Φ100 mm，要求检测容器内部表面情况。

直接目视检测工艺规程示例

焊缝直接目视检测规程

检测规程编号：×××××××　　版次：A

编制：×××　　日期：×××　　校对：×××　　日期：×××

审核：×××　　日期：×××　　批准：×××　　日期：×××

××××××公司

一、目的

本规程规定了焊缝直接目视检测时所需遵循的检测人员要求、检测设备要求、记录标准、检测报告的内容和格式等。

二、适用范围

本规程适用于设备、管道对接焊缝、角接焊缝等各型式焊缝的外表面直接目视检测。

三、参考文件

1. ASME锅炉压力容器规范第Ⅴ卷、第Ⅲ卷(2004年版);

2. 民用核安全设备无损检验人员资格管理规定(HAF602)。

四、人员资格

1. 从事目视检测的人员必须按HAF602《民用核安全设备无损检验人员资格管理规定》取得相应的无损检验资格证书;

2. Ⅰ级人员在Ⅱ级及以上人员的指导下执行检测,但不解释检测结果;Ⅱ级、Ⅱ级以上人员:执行检测,检测结果的评定和检测报告的编制、审核以及批准;

3. 检测人员应每年检查一次视力,正常或矫正视力应在1.0以上,并无色盲、色弱等不利于目视检测的疾病。

五、检测设备

常用的目视检测设备有:

(1) 带照明的放大倍数不大于6倍的放大镜;

(2) 光源(手电筒、强光灯等);

(3) 反射率为18%的中性灰度卡;

(4) 照度计;

(5) 焊缝检测、游标卡尺、直尺、卷尺等测量设备;

(6) 平面镜等其他设备。

六、检测技术

1. 先决条件准备

所使用的设备必须处于良好的状态;

(1) 受检对象表面如有保温层等阻碍检测实施的物项应先拆除;

(2) 受检区域应干燥、清洁,无影响检测和评定结果的物质;

(3) 受检区域的表面光照度应不小于1 000 lx;

(4) 检测人员在实施检测之前首先检查被检焊缝或设备及部件的标识号,应确保焊缝或设备及部件的标识号准确无误。

2. 检测实施

(1) 直接目视检测时,在能够充分靠近时,眼睛距离受检表面不超过610 mm,且与受检表面所成的视角不小于30°,为了改善视角,可使用平面反光镜,也可使用放大倍数不大于6倍的放大镜辅助观察。

(2) 将反射率为18%的灰度卡放置在被检部位,以是否能分辨出灰度卡上宽度≤0.8 mm的黑线来判断分辨率是否达到要求。

(3) 在需要时测量焊缝相关数据:焊缝余高、焊缝宽度、错边量、角焊缝焊脚高度及焊喉等。

3. 记录与评定

(1) 检测记录应包括以下内容:工艺规程或工艺卡编号、设备和工具的型号及编号、照明光源、检测人员、日期、受检系统部位、缺陷性质等及处理意见和结果等项。

(2) 对于检测的不可达区域或盲区必须在报告中注明。

七、记录和验收标准

(1) 记录标准

1) 裂纹

2) 未熔合

3) 超过下列规定的表面气孔

4) 大于等于 0.8 mm 的气孔

5) 焊缝余高

6) 咬边和根部凹陷

7) 错边量

(2) 验收标准

焊缝表面不允许存在下列缺陷：

1) 裂纹

2) 未熔合

3) 超过下列规定的表面气孔

① 呈直线分布且边到边的距离小于或等于 1.6 mm 时，4 个或 4 个以上的大于 0.8 mm 的气孔。

② 对于最不利位置的缺陷，在 150 mm 范围内的焊缝表面，10 个或 10 个以上的大于 0.8 mm 的气孔。

③ 体积形缺陷最大直径不超过 3.2 mm。

(3) 焊缝余高

对于管道双面焊焊接接头，表 5-1 中第一列的余高范围适合于此接头的内外表面；单面焊对接接头，表中第一列的适用于焊缝外表面，第二列的余高范围适用于内表面。余高的值由相邻焊缝表面的最高点确定。

表 5-1　焊缝余高范围

壁厚度	最大余高超过	
	1	2
≤3.2 mm	2.4 mm	2.4mm
3.2～4.8 mm	3.2 mm	2.4mm
4.8～12.6 mm	4.0 mm	3.2 mm
12.6～25.6 mm	4.8 mm	4.0 mm

(4) 咬边和根部凹陷

咬边深度超过壁厚的 10%或超过 0.8 mm，根部凹陷超过所需的最小截面厚度。

(5) 错边量

组对部件焊接后的最大错边量应不超过表 5-2 中的范围。

表 5-2 错边量允许范围

壁厚度	纵向	环向
≤12.6 mm	1/4t	1/4t
12.6～19 mm	3.2 mm	1/4t
19～38.4 mm	3.2 mm	4.8 mm
38.4～52 mm	3.2 mm	1/8t

八、检测报告

检测报告应至少包括下列内容：

(1) 委托单位名称；

(2) 用于检测的规程编码和版本；

(3) 受检物项标识及材质；

(4) 检测焊缝标识号；

(5) 检测条件(包括温度、照度等)；

(6) 检测结果(如有显示，附上显示位置和尺寸的示意图或照片)；

(7) 检测报告编号；

(8) 检测日期；

(9) 检测人员、审核人员及批准人员的姓名及签名。

九、附录

检测报告格式见附录X(检测报告格式后略)。

间接目视检测工艺规程示例

容器内部间接目视检测规程

检测规程编号：××××××　　版次：A

编制：×××　　日期：×××　　校对：×××　　日期：×××

审核：×××　　日期：×××　　批准：×××　　日期：×××

××××××公司

一、目的

本规程规定了容器内部间接目视检测时所需遵循的检测人员要求、检测设备要求、检测技术、记录标准、检测报告的内容和格式等。

二、适用范围

本规程适用于×××电厂××容器的采用视频内窥镜的间接目视检测。

三、参考文件

1. ASME 锅炉压力容器规范Ⅴ卷、Ⅲ卷(2004 年版)；

2. 民用核安全设备无损检验人员资格管理规定（HAF602)；

3. ×××容器的技术规格书及内部结构图。

四、人员资格

1. 从事目视检测的人员必须按 HAF602 要求取得相应的无损检验资格证书且在有效期内；

2. Ⅰ级人员：在Ⅱ级及以上人员的指导下执行检测，但不解释检测结果；Ⅱ级、Ⅱ级以上人员：执行检测，检测结果的评定和检测报告的编制、审核以及批准；

3. 检测人员应每年检查一次视力，正常或矫正视力应在1.0以上，并无色盲、色弱等不利于目视检测的疾病。

五、检测设备

根据检测要求和容器特点，选择间接目视检测方法，主要使用视频内窥镜。检测设备包括：

（1）视频内窥镜：视频内窥镜应具备实时录像及截屏功能，自带光源应能满足光照度要求；

（2）220 V电源盘；

（3）反射率为18%的中性灰卡；

（4）照度计：照度计应附有有效的检定合格证书；

（5）支撑杆：支撑杆用于固定视频内窥镜探头线缆，支撑杆前段部分应有一定的伸缩度并能实现多角度旋转以保证检测区域能覆盖整个内表面；

（6）其他设备。

六、检测技术

1. 先决条件准备

（1）工作开始前，应向工作组提供工作包，工作内容包括工作指令、工作许可、容器结构图、检测规程、质量计划等文件；

（2）所使用的设备必须处于良好的状态；

（3）检测区域应能提供220 V交流电源；

（4）容器观察孔应打开并作临时封堵。

2. 检测实施

（1）确认设备标识：检测开始前，应仔细核对受检对象标识，并检查隔离边界情况，确保工作对象正确，隔离满足检查要求；

（2）按照规定拉设好电源线；

（3）按照规定程序接通视频内窥镜，确保内窥镜放置平稳，接地良好；

（4）使用照度计测量光照度，光照度应不低于1 000 lx；

（5）测试分辨率：使用18%中性灰度卡测试分辨率，在检测范围内视频内窥镜的显示屏上至少能清晰地分辨出灰度卡上0.8 mm宽的黑线；

（6）打开容器观察孔的临时封堵；

（7）将视频内窥镜固定在支撑杆上，使用支撑杆通过观察孔将内窥镜探头送入容器内部。

内部检测主要检测如下部分：

1）检测容器焊缝表面情况：使内窥镜探头靠近受检焊缝表面，纵焊缝从上往下或从下往上检测其表面状况，主要检测焊缝表面及热影响区是否存在裂纹；

2）检测容器内表面整体情况：重点检测整个内表面的腐蚀情况；

3）检测容器内部异物情况：重点检测容器下部是否存在异物，排水孔是否存在堵塞等情况；

4）检测内部构件整体情况：重点检测结构件的完整性。

3. 记录与评定

（1）检测记录应包括以下内容：工艺规程或工艺卡编号、设备和工具的型号及编号、照明光源、检测人员、日期、受检系统部位、缺陷性质等及处理意见和结果等项。记录以录像方式及照片进行；录像应能回放检测过程，发现缺陷时，应截取缺陷照片。

（2）对于检测的不可达区域或盲区必须在报告中注明。

七、记录和验收标准

（1）记录标准

1）裂纹；

2）严重腐蚀等缺陷；

3）容器内部的异物；

4）结构件的不完整，松动、脱落、开裂等缺陷。

（2）验收标准

1）焊缝表面不允许存在裂纹；

2）不允许存在严重腐蚀等缺陷；

3）容器内部不允许存在异物；

4）结构件应完整，不得有松动、脱落、开裂等缺陷存在。

八、检测报告

检测报告应至少包括下列内容：

（1）委托单位名称；

（2）受检设备名称及标识；

（3）设备位置（房间号）；

（4）规程编号和版次；

（5）所使用设备的名称/型号/编号；

（6）检测参数（光照度、分辨率等）；

（7）检测结果；

（8）检测日期；

（9）检测人员、审核人员及批准人员的姓名及签名。

九、附录

检测报告格式见附录 X（检测报告格式后略）。

第二节 目视检测用工艺卡

目视检测工艺卡是指导目视检测人员对具体工件进行目视检测的工艺文件，一般要求一物一卡。

1. 检测工艺卡应包括的内容

（1）委托单位、实施单位名称；

（2）工艺卡编号；

（3）所使用的仪器、设备名称/型号/编号；

(4) 受检对象的有关参数,包括:名称、规格、材质、受检部位、受检比例、表面状态等;

(5) 检测工艺参数,包括:检测时机、照明方式、光照度等;

(6) 受检对象示意图;

(7) 检测工艺步骤;

(8) 验收要求;

(9) 检测人员资格要求;

(10) 编制、审核人员签名及日期。

2. 检测工艺卡的编制步骤

(1) 根据受检对象选择合适的目视检测工艺;

(2) 编制工艺卡,工艺卡应表格形式体现,应包含但不限于所述的条目,可以根据实际情况进行增加相关要求,如加入受检对象的炉号、批号等;

(3) 审核、打印并签字。

3. 检测工艺卡示例

(1) 直接目视检测工艺卡示例(见表 5-3)

(2) 间接目视检测工艺卡示例(见表 5-4)

表 5-3 直接目视检测工艺卡示例

工艺卡编号:×××××××

委托单位	对接焊接接头目视检测工艺卡	检测单位
×××有限公司		×××有限公司
工件名称:试板	试件规格:250 mm×150 mm×10 mm	材料:碳钢
受检部位:焊缝及热影响区	检测比例:100%	检测时机:焊后 24 小时
表面状态:焊后自然状态	检测方法:直接目视检测	对比度试件:18%中性灰卡
照明方式:人工照明	照度:≥1 000 lx	照明器材:强光灯
测量器具:焊缝规、直尺	验收标准:ASMEⅢ—NB 分卷	检测人员资格:Ⅰ级或Ⅰ级以上

检测对象示意图:

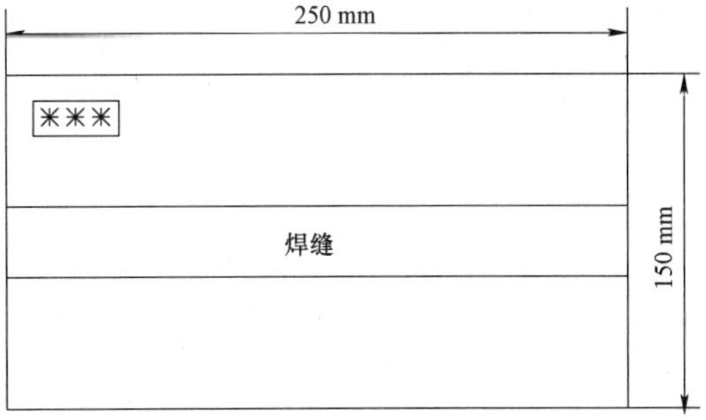

检测步骤及要求:

1. 核对受检对象标识、测量受检对象规格;清理受检对象表面;
2. 使用照度计测量受检对象表面光照度;
3. 使用 18%中性灰卡检查对比度;
4. 测量焊缝最大余高;
5. 测量焊缝最大焊缝宽度;

续表

6. 测量最大错边量；
7. 焊缝表面缺陷检测(裂纹、气孔、表面夹渣、焊瘤、飞溅、电弧击伤、咬边等)；
8. 测量咬边深度；
9. 测量缺陷位置及大小；
10. 记录并评定；
11. 后处理。

编制	××× VT-Ⅱ	审核	××× VT-Ⅲ
日期	×××	日期	×××

表 5-4 间接目视检测工艺卡示例

工艺卡编号：×××××××××

委托单位	试管间接目视检测工艺卡	检测单位
×××有限公司		×××有限公司
工件名称：试管	试件规格：Φ19 mm×500 mm×1.5 mm	材料：不锈钢
受检部位：内表面	检测比例：100％	检测时机：N/A
表面状态：清洁	检测方法：间接目视检测	灵敏度试件：18％中性灰卡
照明方式：人工照明	照度：≥1 000 lx	照明器材：内窥镜探头自带光源
检测仪器/编号：韦林视频内窥镜/××××	验收标准：ASME Ⅲ—NB 分卷	检测人员资格：Ⅰ级或Ⅰ级以上

检测对象示意图：

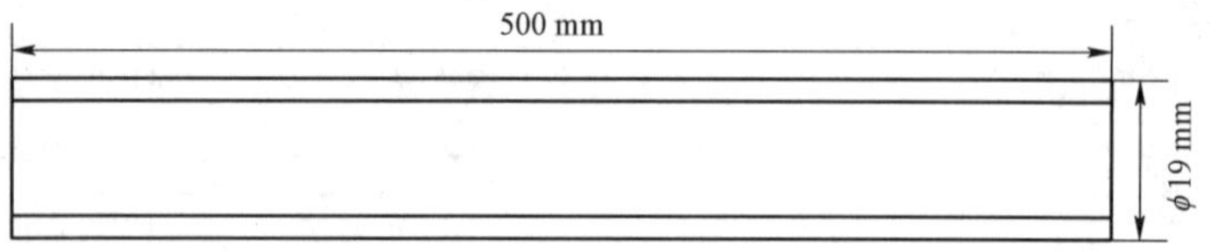

检测步骤及要求：
1. 检查仪器连接、确保仪器连接正常，放置平稳；开机；
2. 核对受检对象标识、测量受检对象规格；清理受检对象内表面；
3. 使用照度计测量受检对象表面光照度；
4. 使用 18％中性灰卡检查对比度；
5. 测量视频内窥镜探头在缺陷定位时的相对位置长度；
6. 粗检：使用内窥镜以较快速度检测试管内表面，并确定大缺陷或疑似缺陷的粗略位置；
7. 细检：根据缺陷情况仔细观测内表面状况，重点跟踪粗检中发现的缺陷和疑似缺陷；确认缺陷后，测量缺陷位置以及大小；
8. 记录并评定；
9. 后处理。

编制	××× VT-Ⅱ	审核	××× VT-Ⅲ
日期	×××	日期	×××

思考题

1. 什么是检测工艺规程？一般情况下，目视检测工艺规程应至少包括哪两方面的要求。

2. 什么是检测工艺卡，包含哪些内容？

第六章　目视检测新技术、新知识、新工艺

由于核电厂的特点，视频检测技术在核电厂的目视检测中被广泛应用，从微型的阀门管道至体积大的反应堆压力容器、蒸汽发生器，从核岛到常规岛，是核电无损检测人员的重要工具，视频检测技术已成为核电厂安全保障的不可或缺的重要检测手段，核电视频检测技术也呈现出新的特点和要求，主要体现在以下几方面：

(1) 设备载体多样化。视频技术的广泛应用，也进一步衍生出更专一，更多样化的检测设备，从水下小潜艇设备至狭小空间运动的蛇形机械臂，从高剂量环境的耐辐照设备至容器底部的多轴悬吊式检测设备，从低照度环境的搭载照明系统的多功能摄像头系统至精度极高的柔性机械臂、遥控飞行器等。

(2) 高清视频技术的应用。

(3) 自动化程度的提高，设备载体的自动化与仿真模拟的自动化更进一步结合。

(4) 非接触式高精度测量方法的应用。

(5) 360 度全景视频技术。环视成像技术，360 度实时视频检测，对检测对象实施更全面、更快速的检测，适合于狭窄、人员难以到达的地方。

(6) 红外检测技术的应用。

红外热成像无损检测技术：根据红外热激励源的加载方式不同，红外热成像无损检测技术主要分为红外脉冲无损检测技术和红外锁相法无损检测技术。

红外脉冲无损检测技术：高能闪光灯脉冲对被检物进行主动控制式加热，若被检物内部有缺陷，将造成热传导的不连续性，则从热像图中清晰的区分出温度差异，以此来判断试件表面下的缺陷。脉冲式红外热波无损检测技术具有非接触、快速；热图判断直观，直接得到缺陷所在位置、尺寸；不受检测对象的形状或结构的限制，检测结果对曲面的影响较小等优点。

红外锁相法无损检测技术：利用谐波调制装置对被测物施加正弦波形式的热源，材料内部缺陷对入射波的干扰所产生的反射将在物体表面生成一个可被红外热像仪记录的波形。对红外热像仪记录的序列热图像加以处理得到相关的幅值和相位信息图像。其中，幅值表征了反射和入射波的矢量和，相位则表征了反射和入射波之间的相位差。通过对幅值和相位图像分析就可以得到材料内部缺陷信息。

思考题

1. 简述核电视频检测技术的新特点和要求。
2. 根据红外热激励源的加载方式不同，说明红外热成像技术主要分哪两种技术。

第二部分　核设备目视检测操作技能

学习目标：

初级工：能正确安装、连接和使用检测设备；能正确进行目视检测的分辨能力校验；能识别目视检测中的各类缺陷；填写检测记录并恢复检测场地。

中级工：能按检测要求选择目视检测设备和器材；能正确进行目视检测的分辨能力校验；能正确识别目视检测中的各类缺陷；能根据检测规程评定缺陷；能正确填写检测报告、维护仪器。

高级工：能根据受检对象正确选择目视检测设备和器材；编制检测工艺卡；能根据检测规程评定缺陷；能编写检测报告；能培训初、中级人员的操作技能。

技师：能按要求编制检测工艺卡/检测规程、检测报告；编写设备校验程序；能判断和处理使用的检测设备的常见故障；能进行另一种方法的检测；能分析检测结果的误差产生原因、对缺陷进行综合评定；能编写检测报告。能编制设备维护保养规程。

高级技师：能分析检测设备、仪器故障的产生原因，制定相应的维护保养措施；能按照技术要求编制验收标准、能制定特殊检测对象的检测方案、能编制特殊检测对象的检测规程；能对检测过程进行质量分析、能编制作业指导书；对缺陷进行综合评定，并能分析评价检测结果的可靠性、准确性；能准确编写检测报告。

第七章　对接焊接接头直接目视检测

本章介绍对接焊接接头目视检测的工艺操作。通过实践操作培训使学员能熟练掌握目视检测工艺操作，熟练使用检测设备和器材，能有效分辨焊接缺陷和各类伪缺陷并能依据相关标准、规范对缺陷进行评判。

第一节　工作准备

一、检测前准备

（1）工器具：照度计、18％中性灰度卡、强光灯/手电筒、焊缝检测尺、放大镜、直尺/卷尺、棉布。

（2）文件/记录：记录单、签字笔。

(3) 受检对象:对接焊接接头试件。

检测所用器材如图 7-1 所示。

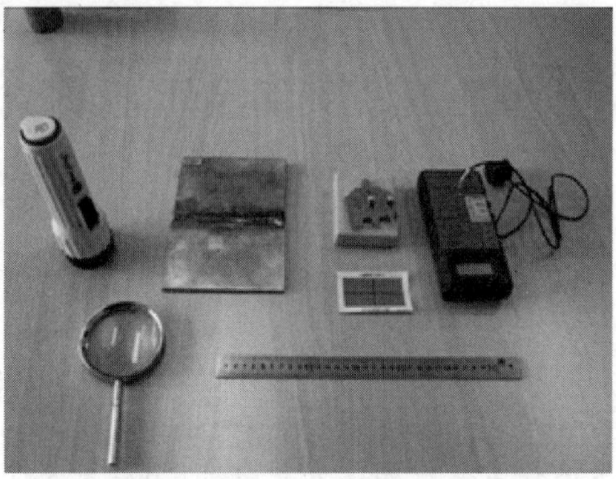

图 7-1 对接焊接接头直接目视检测器材

第二节 操作步骤

一、工作条件准备

1. 试件的确认

目视检测开始前,首先确认试件的编号、材质;使用直尺/卷尺测量试件的规格;试板的规格记录为:长×宽×厚(mm);并在记录表上相应位置做好记录并绘制相应的示意图,见图 7-2。

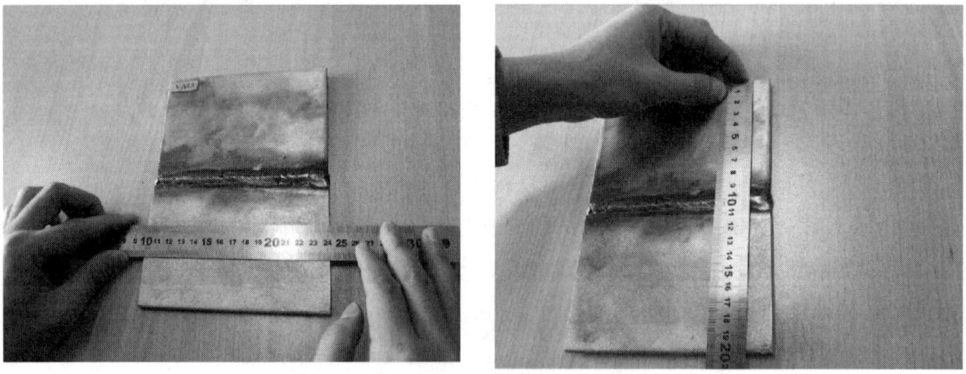

图 7-2 测量平板试件规格

注:测量壁厚时,原则上应使用游标卡尺。

2. 测试光照度

将照度计打开,调至×100 挡,将测量头置于试件表面上(或试件边上),打开强光灯/手电筒,将强光灯/手电筒置于目视检测观察时的距离,测量其光照度并作记录,见图 7-3、图 7-4 和图 7-5。

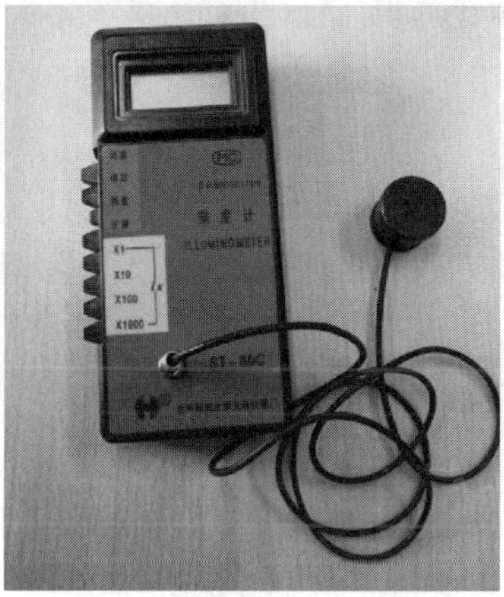

图 7-3　照度计（未打开）

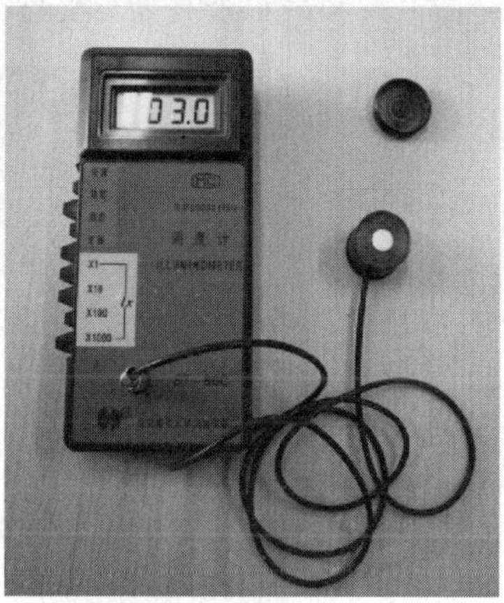

图 7-4　照度计（已打开）

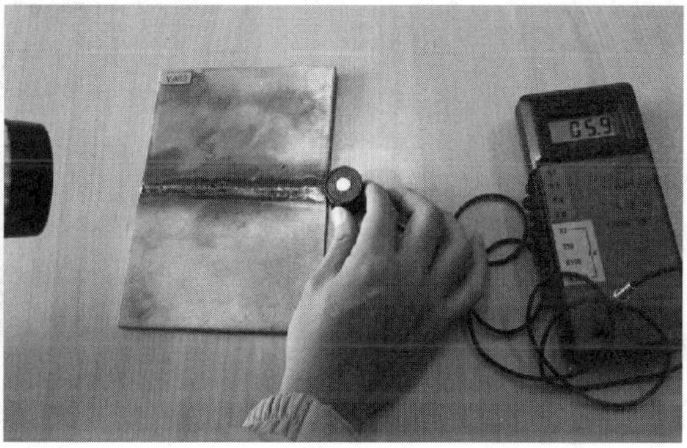

图 7-5　使用照度计测量表面光照度

3. *分辨率测试*

将 18%中性灰卡置于试件表面，在光照度满足要求的前提下，灰卡上宽度 0.8 mm 宽的黑线能清晰可见。

技术要求：人眼与被检表面的距离不大于 610 mm，与被检表面夹角不小于 30°。分辨率测试示意图见图 7-6。

二、操作步骤及要求

1. *表面准备*

被检焊缝表面应没有油漆、锈蚀、氧化皮、油污、焊接飞溅物、或者妨碍目视检测的其他不洁物，表面准备区域包括整条焊缝表面和邻近 25 mm 宽基体金属表面。使用棉布擦拭试件焊缝表面，见图 7-7。

2. *焊缝余高测量*

对接焊缝余高是超出基体金属表面的焊接金属。使用 60 或 40 型焊接检验尺测量焊缝余高。量规的读出精度一般不应低于 0.8 mm。测量余高示意如图 7-8、图 7-9。测量时应选取焊缝的最大和最小余高处，记录焊缝的最大余和最小高值。

图 7-6 分辨率测试

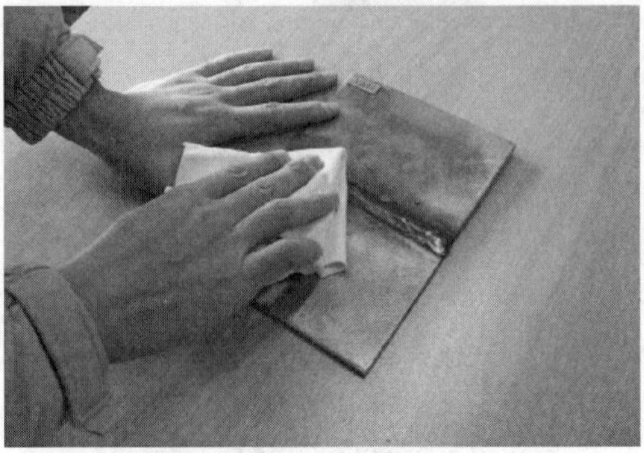

图 7-7 试件表面准备

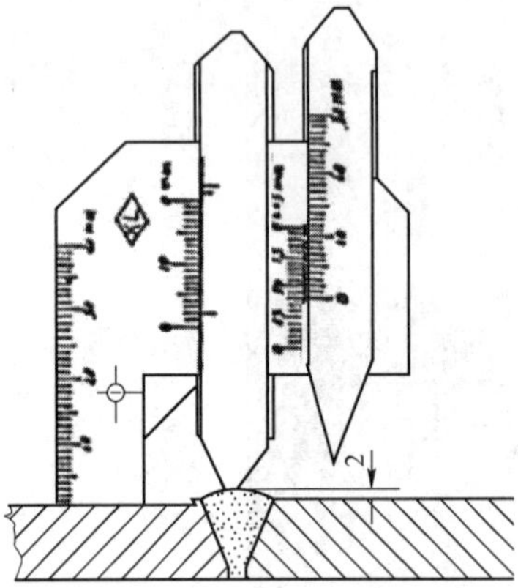

图 7-8 余高测量示意图

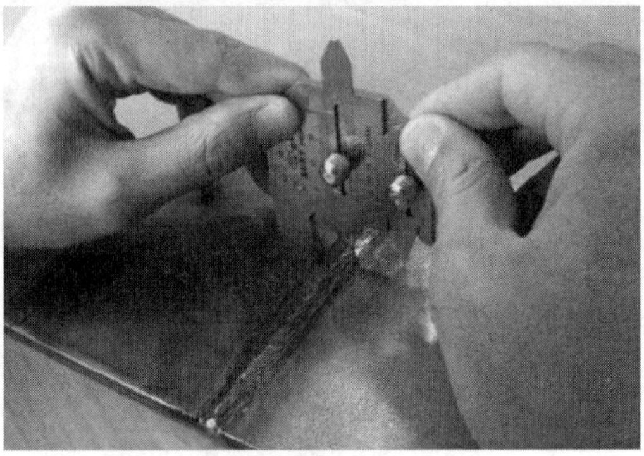

图 7-9 平板对接焊缝余高测量

3. 焊缝宽度测量

对接焊缝宽度是指焊接成形后上焊缝表面横向的几何尺寸。用于测量焊缝宽度可以使用直尺或焊缝检验尺。使用焊缝检验尺测量焊缝宽度如图 7-10 和图 7-11 所示。记录焊缝的最大宽度和最小宽度值。

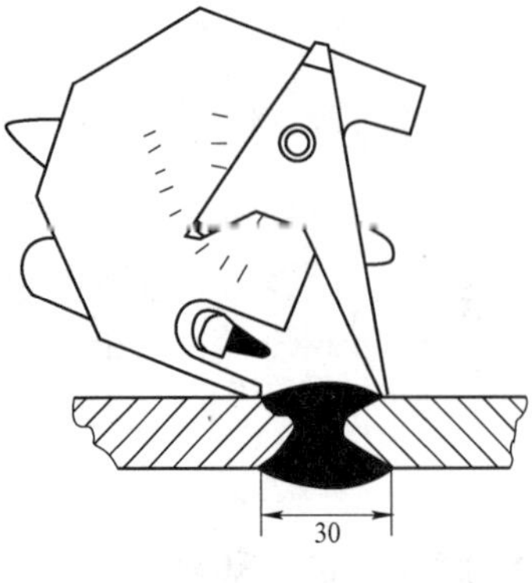

图 7-10 焊缝宽度测量示意图

图 7-11 焊缝宽度测量

4. 焊缝外表面缺陷检测

(1) 首先应对焊缝表面进行粗检,先确定较大和较明显的缺陷,记录下缺陷的位置和大小。缺陷位置应从定位标记“0”位开始,一般只记录缺陷离开“0”位的距离。

(2) 对细小或有疑问的缺陷可借助放大镜进行观察,对需要记录的缺陷,记录下缺陷的位置和大小,见图 7-13 和图 7-14。

图 7-12　检测观察

图 7-13　借助放人镜观察

(3) 焊缝外表面缺陷的分类与检测方法

1) 咬边:焊接检验尺测量焊缝咬边深度时,检验尺本身定位在焊缝表面上,滑尺的指针尖置于咬边内,然后读出滑尺上显示的咬边深度。咬边应记录最大咬边尺寸。咬边测量见图 7-15。

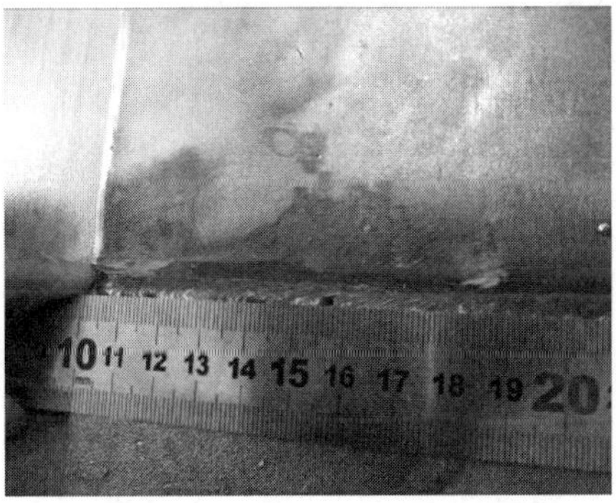

图 7-14　测量表面缺陷位置

图 7-15　焊缝咬边深度测量

2) 焊瘤:焊缝中的液态金属流到加热不足未熔化的母材上或焊缝根部溢出,冷却后形成的未与母材熔合的金属瘤。

3) 气孔:气孔一般是球状,通常看到气孔呈均匀分布,成群分布,虫孔状分布或线性分布,均匀散布的气孔由单独的空穴组成,其直径大小可微观直至 3 mm 或更大,成群的气孔是一组小的、局部的空穴,线性气孔曲线地出现在根部。用直尺进行测量,也可用放大镜帮助测得气孔的大小。

4) 裂纹:使用放大镜仔细检测焊缝表面,尤其是焊缝趾端以及电弧击伤的地方。不允许有可见的裂纹存在。

5) 电弧击伤和焊接飞溅。

6）错边：两个焊接件的设计表面没有在同一水平面上。测量示意图如图 7-16。

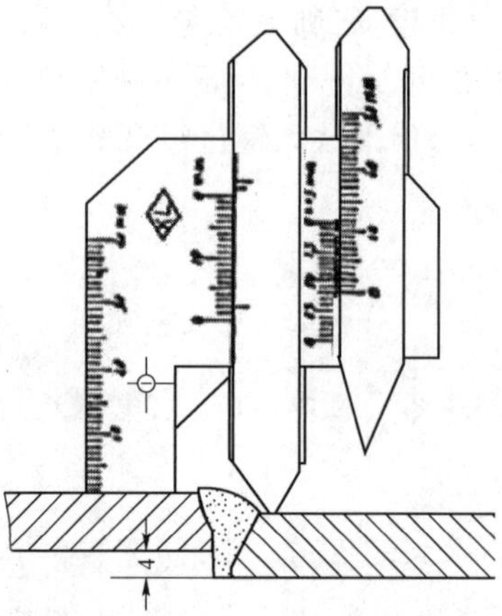

图 7-16　错边测量示意图

7）表面夹渣：存在于焊缝表面的焊后熔渣。

8）未熔合是指焊缝金属与母材金属，或焊缝金属之间未熔化结合在一起的缺陷。未熔合存在于表面时可以通过目视检测发现。

9）未焊透是指母材金属未熔化，焊接金属没有进入接头根部的缺陷。单面焊时的未焊透可以被目视检测所发现。可以通过观察试板对接焊缝的反面来检测未焊透的情况。

10）焊缝成形不良：指焊缝的外观几何尺寸不符合要求。有焊缝宽度不齐、表面不光滑、焊缝余高超高、焊缝向母材过渡不圆滑等。

三、填写记录

检测完成后按要求填写记录。

（1）试件相关参数填写

试件编号、规格、材质等。

（2）检测参数填写

光照度、分辨率等；所使用的工器具型号、编号等。

（3）受检对象示意图

应在实验记录表中绘制受检对象的示意图。示意图上确定缺陷记录的“0”点位置。检测完成后，应在示意图上标注缺陷的位置并按照距“0”从近向远的方向使用阿拉伯数字“1、2、3…”进行编号，并标注出缺陷距“0”的距离。

（4）缺陷记录

缺陷记录表中按照缺陷编号的顺序逐个填写相关内容，应记录缺陷离“0”点的距离，缺陷性质，缺陷最大尺寸等。

（5）填写评定结果

合格/不合格。

（6）签名及日期

直接目视检测记录表（样张），详见表 7-1。

表 7-1　直接目视检测记录表

<table>
<tr><td>试件名称</td><td></td><td>材料</td><td></td><td>试件编号</td><td></td></tr>
<tr><td>检测表面状态</td><td></td><td>规格</td><td></td><td>表面清理方法</td><td></td></tr>
<tr><td>检测方法</td><td colspan="2"></td><td>检测类别</td><td colspan="2"></td></tr>
<tr><td>仪器设备</td><td colspan="2"></td><td>型号</td><td colspan="2"></td></tr>
<tr><td>分辨率试片</td><td colspan="2"></td><td>分辨率</td><td colspan="2"></td></tr>
<tr><td>照明方式</td><td colspan="2"></td><td>表面照度</td><td colspan="2"></td></tr>
<tr><td>检测标准</td><td colspan="2"></td><td>验收标准</td><td colspan="2"></td></tr>
</table>

检测结果示意图：

<table>
<tr><td colspan="5">缺陷显示记录</td></tr>
<tr><td>显示
编号</td><td>显示位置
（距离试件编号侧 mm）</td><td colspan="3">缺陷数量、性质、尺寸（mm）</td></tr>
<tr><td></td><td></td><td colspan="3"></td></tr>
<tr><td></td><td></td><td colspan="3"></td></tr>
<tr><td></td><td></td><td colspan="3"></td></tr>
<tr><td></td><td></td><td colspan="3"></td></tr>
<tr><td></td><td></td><td colspan="3"></td></tr>
<tr><td></td><td></td><td colspan="3"></td></tr>
<tr><td></td><td></td><td colspan="3"></td></tr>
<tr><td colspan="2">检测结论</td><td></td><td>检测日期</td><td></td></tr>
</table>

四、后处理

检测完成后，应清点检测器材，清理检测现场。

（1）将试件归入指定位置；

（2）关闭照度计，并合上照度计盖；

（3）关闭照明源（如强光灯、手电等），并有序摆放；

（4）将焊缝检验尺、直尺、放大镜等测量工具有序摆放；

（5）清洁场地；

（6）将检测过程中产生的垃圾放入指定的地点；

（7）离开时随身携带个人物品、现场记录。

第三节 记录评定及验收

焊后状态不允许有下列缺陷：

(1) 裂纹、未熔合、未焊透。

(2) 超过下列规定的表面气孔：

1) 呈直线分布且边到边的距离小于或等于 1.6 mm 时，4 个或 4 个以上的大于 0.8 mm 的气孔。

2) 对于最不利位置的缺陷，在 150 mm 范围内的焊缝表面，10 个或 10 个以上的大于 0.8 mm 的气孔。

3) 体积形缺陷最大直径不超过 3.2 mm。

(3) 咬边和根部凹陷

咬边深度不超过壁厚的 10%且不超过 0.8 mm，根部凹陷不超过所需的最小截面厚度。

(4) 组对部件的错边量

组对部件焊接后的最大错边量应不超过表 7-2 中的范围。

表 7-2 组对部件焊接后的最大错边量

壁厚度	纵向	环向
≤12.6 mm	1/4t	1/4t
12.6～19 mm	3.2 mm	1/4t
19～38.4 mm	3.2 mm	4.8 mm
38.4～52 mm	3.2 mm	1/8t
>52 mm	小于 1/16 t 且小于 9.6 mm	小于 1/8 t 且小于 19 mm

注：t 为最薄部件的厚度。

(5) 焊渣、咬边、电弧击伤以及此类可能影响无损检测结果判断的情况应避免，影响随后进行无损检测的表面不规则应予清除。

(6) 焊缝边缘多余熔敷金属造成的焊瘤拒收。

(7) 未焊满拒收。

(8) 凹陷、弧坑、蜂窝状气孔及类似的缺陷。

(9) 焊缝成形不良。

第八章　角接焊接接头直接目视检测

本章介绍角接焊接接头目视检测的工艺操作。通过实践操作培训使学员能熟练掌握目视检测工艺操作，熟练使用检测设备和器材，能有效分辨焊接缺陷和各类伪缺陷并能依据相关标准、规范对缺陷进行评判。

第一节　工作准备

一、检测前准备

检测前应准备下列设备和器材：

（1）工器具：照度计、18%中性灰卡、强光灯/手电筒、焊缝检验尺、放大镜、直尺/卷尺、棉布。

（2）文件/记录：记录单、签字笔。

（3）受检对象：角接焊接接头试件。

检测所用器材如图8-1所示。

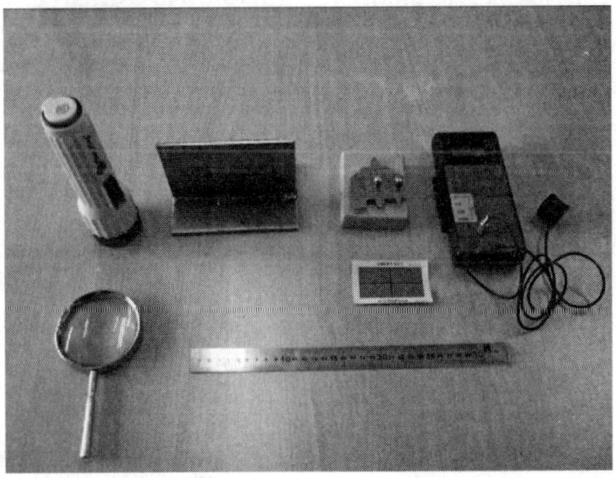

图8-1　平板角接焊缝直接目视实验器材

第二节　操作步骤

一、工作条件准备

1. 试件的确认

目视检测开始前，首先确认试件的编号、材质；使用直尺/卷尺测量试件的规格；并在记录表上相应位置做好记录并绘制相应的示意图。

2. 测试光照度

试件表面光照度测试参见第七章对接接头焊缝直接目视检测。

3. 分辨率测试

分辨率测试参见第七章对接接头焊缝直接目视检测。

二、操作步骤及要求

1. 表面准备

被检焊缝表面应没有油漆、锈蚀、氧化皮、油污、焊接飞溅物或者妨碍目视检测的其他不洁物，表面准备区域包括整条焊缝表面和邻近 25 mm 宽基体金属表面。使用棉布擦拭试件焊缝表面，见图 8-2。

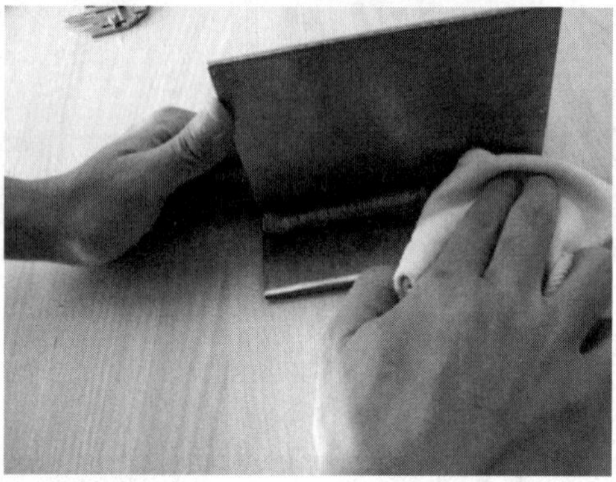

图 8-2 试件表面准备

2. 角焊缝尺寸测量

(1) 焊缝脚长(焊脚高度)测量

角焊缝的焊缝脚长可用焊接检验尺测量，见图 8-3 和图 8-4。

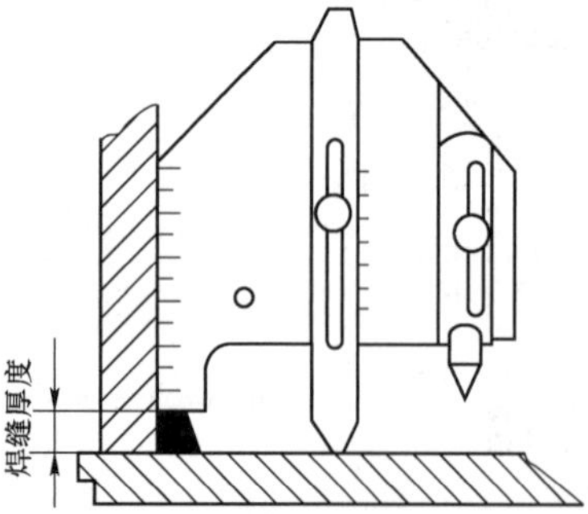

图 8-3 焊脚高度测量示意图

图 8-4 焊脚高度测量

(2) 角焊缝焊喉

角焊缝焊喉尺寸通常要求以三个不同的焊喉术语表示。

1) 理论焊喉：理论焊喉定义为角焊缝脚长的 0.707 倍。在测量脚长的基础上，通过计算获得。

2）实际焊喉：实际焊喉是从焊缝的根部到焊缝的顶面最短距离，它必须等于或大于角焊缝腿高的 0.707 倍（意即实际焊喉不得小于理论焊喉）。由于目视检测不可能接近角焊缝的根部区域，不考虑向基体金属的渗透。用焊缝检验尺测量焊缝的实际焊喉，如图 8-5 和图 8-6 所示。量规的两垂直表面与角接的基体金属接触，在滑尺上读出焊喉值。

3）有效焊喉：有效焊喉考虑到焊接金属向基体金属内的渗透，但是忽略了理论表面与实际表面之间的多余金属，由于这些情况，目视检测人员不考虑有效焊喉。

实际焊喉测量见图 8-5 和图 8-6。

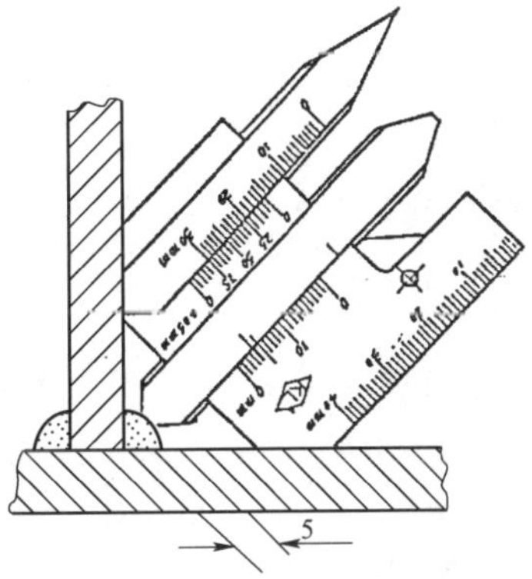

图 8-5　实际焊喉测量示意图

图 8-6　实际焊喉测量

3. 焊缝外表面缺陷检测

（1）首先应对焊缝表面进行粗检，先确定较大和较明显的缺陷，记录下缺陷的位置和大小。缺陷位置应从定位标记“0”位开始，一般只记录缺陷离开“0”位的距离。

（2）对细小或有疑问的缺陷可借助放大镜进行观察，对需要记录的缺陷，记录下缺陷的位置和大小。见图 8-7、图 8-8 和图 8-9。

（3）焊缝外表面缺陷的分类与检测方法

焊缝外表面缺陷的分类与检测方法，参见第七章对接接头焊缝直接目视检测。

图 8-7　借助放大镜观察

图 8-8　测量表面缺陷位置（气孔）

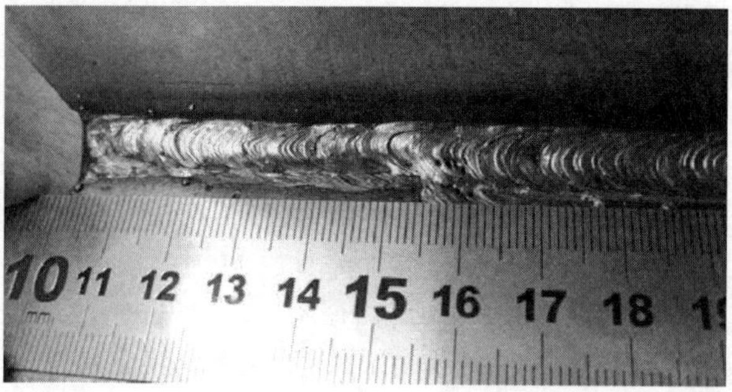

图 8-9　测量表面缺陷位置(密集气孔)

三、填写记录

填写记录,参见第七章对接接头焊缝直接目视检测和记录表 7-1。

四、后处理

检测完成后,应清点检测器材,清理检测现场。参见第七章对接接头焊缝直接目视检测。

第三节　记录评定及验收

焊后状态不允许有下列缺陷:

(1) 裂纹、未熔合、未焊透。

(2) 超过下列规定的表面气孔:

1) 呈直线分布且边到边的距离小于或等于 1.6 mm 时,4 个或 4 个以上的大于 0.8 mm 的气孔。

2) 对于最不利位置的缺陷,在 150 mm 范围内的焊缝表面,10 个或 10 个以上的大于 0.8 mm 的气孔。

3) 体积形缺陷最大直径不超过 3.2 mm。

(3) 咬边和根部凹陷

咬边深度不超过壁厚的 10%且不超过 0.8 mm。

(4) 焊渣、电弧击伤以及此类可能影响无损检测结果判断的情况应避免,影响随后进行无损检测的表面不规则应予清除。

(5) 角焊缝应是凹面的。焊缝边缘多余熔敷金属造成的焊瘤拒收。

(6) 未焊满拒收。

(7) 凹陷、弧坑、蜂窝状气孔及类似的缺陷。

(8) 角焊缝的实际焊喉值应不小于焊脚高度的 0.707 倍。

(9) 焊缝成形不良。

第九章　管材内表面间接目视检测

本章介绍管材内表面间接目视检测的工艺操作。通过实践操作培训使学员能熟练掌握目视检测工艺操作，熟练使用检测设备和器材，能有效分辨焊接缺陷和各类伪缺陷并能依据相关标准、规范对缺陷进行评判。

第一节　工作准备

一、检测前准备

检测前应准备下列设备和器材：

(1) 工器具：视频内窥镜、照度计、18%中性灰卡、直尺/卷尺、棉布。

(2) 文件/记录：记录单、签字笔。

(3) 受检对象：试管。

实验器材如图 9-1 和图 9-2 所示。

图 9-1　间接目视检测实验器材

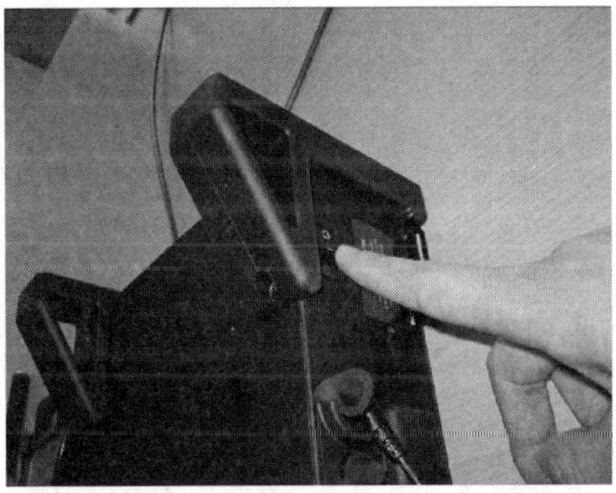

图 9-2　视频内窥镜电源开关

第二节　操作步骤

一、工作条件准备

1. 试件的确认

目视检测开始前，首先确认试件的编号、材质；使用直尺/卷尺测量试件的规格，见图 9-3 和图 9-4；规格记录为：外径×壁厚×长度(mm)；并在记录表上相应位置做好记录并绘制相应的示意图。检测试管入口是否存在容易造成内窥镜探头伤害的缺陷。

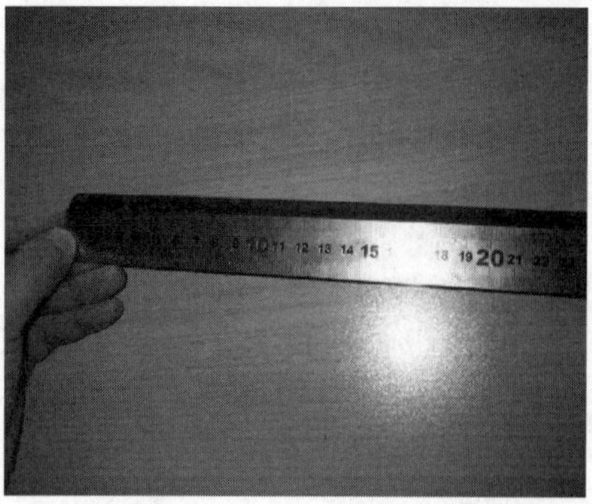

图 9-3　测量试件规格

注:测量壁厚时原则上应使用游标卡尺。

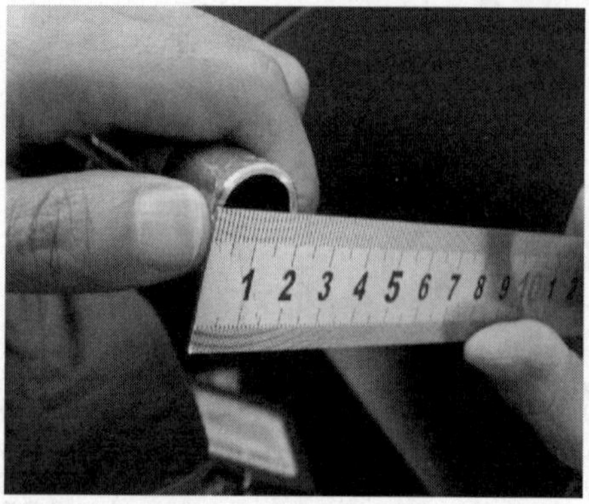

图 9-4　测量试件规格*

2. 仪器准备

检查仪器电缆、电线连接是否正确、可靠,仪器接地是否可靠;仪器摆放是否安全、平稳;检查完成后,打开视频内窥镜主机及显示器,暖机 1 分钟。

3. 测试光照度

将内窥镜探头放入试管中,将照度计打开,调至×100 挡,将测量头置于试管的另一头,移动内窥镜探头,逐渐接近照度计测量头,在内窥镜探头距离照度计测量头 20 mm 左右记录照度计读数,并在记录表上作好记录。光照度不能小于 1 000 lx;见图 9-5 和图 9-6。

图 9-5　测试光照度(一)

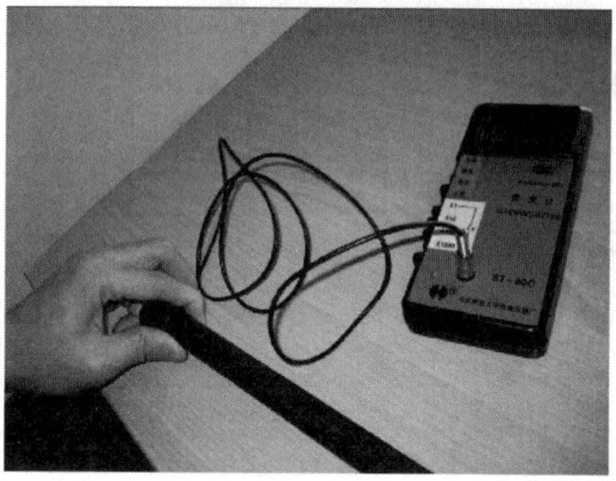

图 9-6　测试光照度(二)

4. 分辨率测试

将内窥镜探头放入试管中,将 18%中性灰卡置于试管的另一头,移动内窥镜探头,逐渐接近灰度卡,视频内窥镜至少能清晰地分辨出灰度卡上 0.8 mm 宽的黑线(灰度卡上还有 0.6 mm、0.4 mm、0.2 mm 宽的黑线)。见图 9-7。

5. 缺陷定位时探头相对位置长度测试(盲区长度测试)

将 18%中性灰卡平置于实验桌上,用内窥镜探头逐渐接近中性灰卡上两条黑线的交叉点,并不断调整内窥镜探头的位置,使交叉点的影像在显示屏上置于距显示屏四个边角任意一个角 5~10 mm 的距离,测量探头边缘至交叉点的距离,即为探头相对位置长度。见图 9-8 和图 9-9。

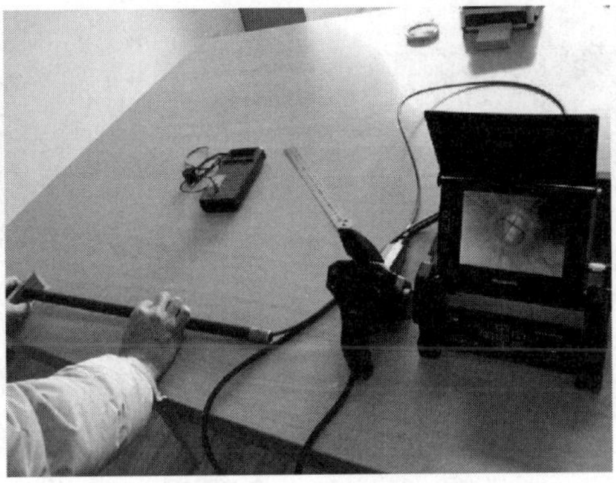

图 9 7 测试分辨率

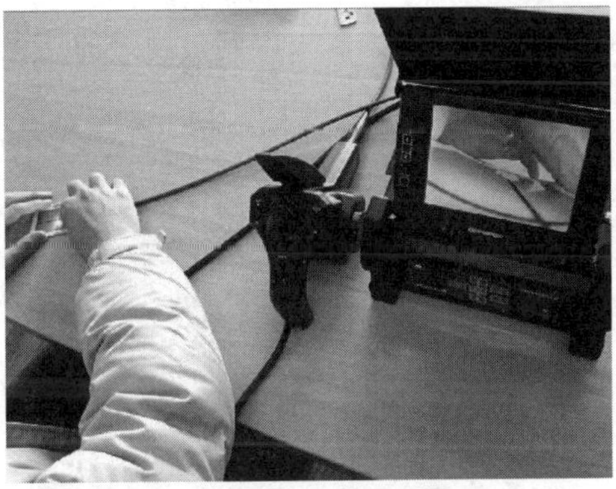

图 9-8 探头相对位置长度测试(一)

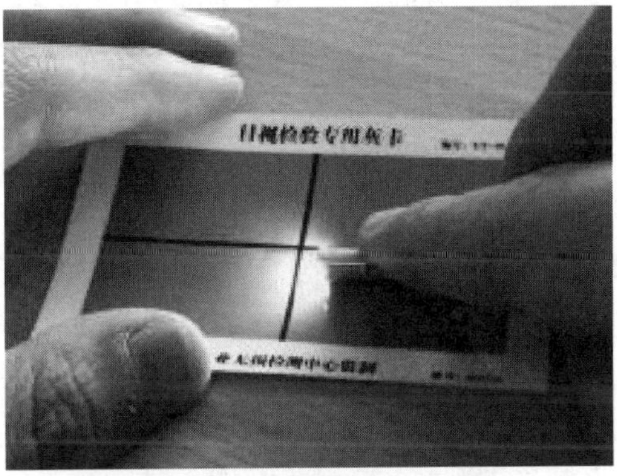

图 9-9 探头相对位置长度测试(二)

二、操作步骤及要求

1. 表面准备

应确保被检试件管口及内表面没有可能造成内窥镜探头及线缆损伤的毛刺、多余物、翻边等缺陷;使用棉布清洁试件内表面,应尽量使内表面光洁,去除油脂、油、碎屑等多余物。

2. 试管内表面缺陷检测

(1) 试管粗检

将视频内窥镜探头以相对较快的速度通过全管。在探头拉动的过程中,应同时旋转试管。见图 9-10 和图 9-11。

(2) 缺陷仔细检测

在粗检的基础上,仔细跟踪在粗检过程中发现的缺陷或疑似缺陷。

(3) 试管内的缺陷类型

一般情况下,试管内缺陷分为三种类型:通孔、纵向槽、环形槽。缺陷个数一般为 3~5 个。

1) 通孔:通孔在视频内窥镜检测中成圆形亮点显示。一般情况下为四周亮,中间暗。发现通孔或疑似信号时,应转动试管或探头,不断调整探头位置,得到最明显的图像。见图 9-12。

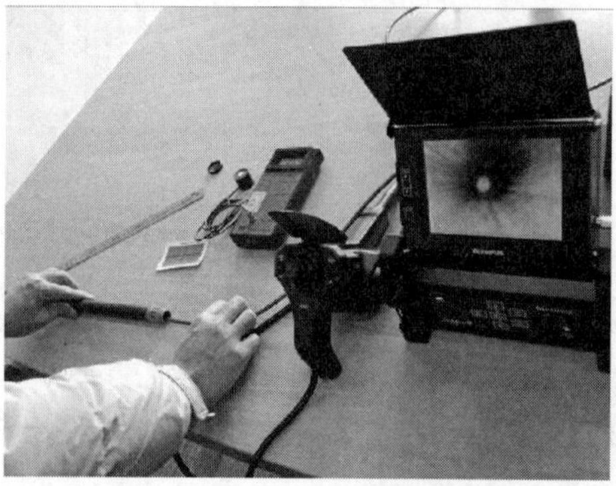

图 9-10　试管粗检(一)

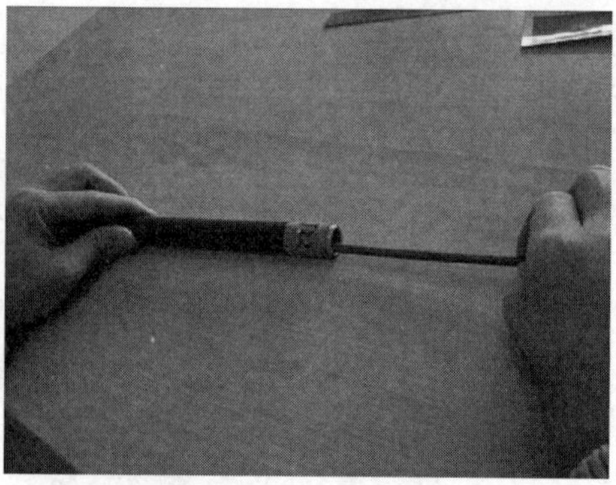

图 9-11　试管粗检(二)

2）纵向槽:纵向槽沿着管壁轴向方向伸展,有一定宽度,一般情况下,应比周边环境偏暗。发现纵向槽或疑似信号时,可以通过调整探头位置,光线明暗度来得到最明显的图像。见图 9-13。

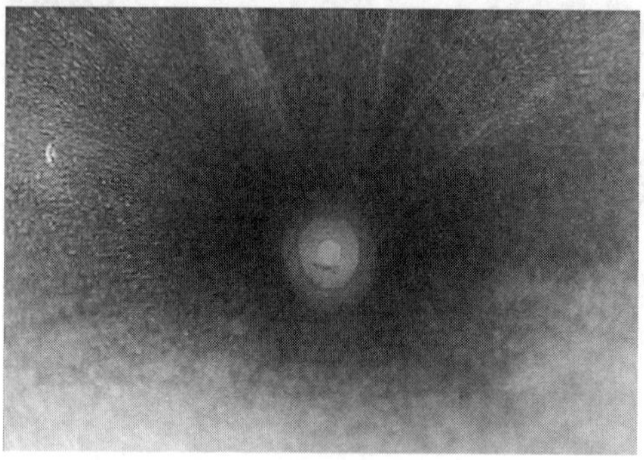

图 9-12　通孔图像

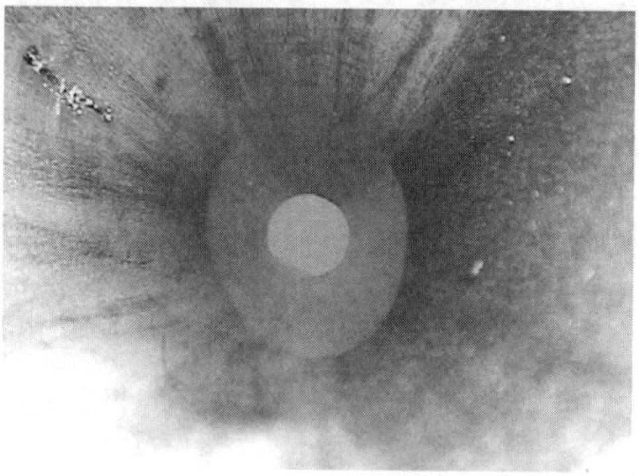

图 9-13　纵向槽图像

3）环形槽:环形槽沿圆周方向分布,如试管内表面加工不良,极容易造成误检或漏检。环形槽在合适的亮度及入射点下,有清晰的深度感。发现环形槽时,应调整光源亮度和光源位置,以环形槽是否存在深度来判定。环形槽根据其占整个圆周的长度比例来确定其长度,一般计为 100%环槽,3/4 环槽,1/4 环槽等。见图 9-14。

4）其他缺陷:其他缺陷在本实验过程中不需记录,包括表面划伤,拉痕,起皮,锈蚀,腐蚀,异常斑点,凹坑,凸起等(详细情况见教材)。此外,由于内表面清洁等原因,在实验中要注意区分多余物、垃圾等伪缺陷。碎屑、线头在内窥镜图像中多为白色反光亮点,从视觉上看存在一定高度,容易误判为孔类缺陷。需要仔细勘别。

(4）缺陷位置测量

1）通孔:通孔类缺陷只需测量其具管端的位置。测量时,首先应将通孔图像置于测量探头相对位置长度时灰卡交叉点所在的位置或相对位置,然后测量探头伸入管内的长度,该长度加上探头相对位置长度即为缺陷距管口的位置。在检测的过程中,一般以试管的标记端为起始端。如以非标记端为起始端,应在示意图中详细表明。缺陷位置的测量见图 9-15。

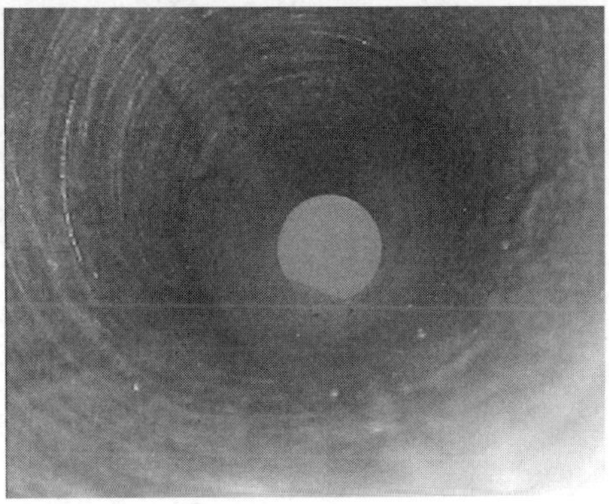

图 9-14　环形槽图像(1/5 环槽)

图 9-15　缺陷位置测量

2) 纵向槽:纵向槽需要测量缺陷位置(距端口的距离)以及纵向槽长度。测量方式同通孔测量。纵向槽长度为纵向槽前端至端口的距离与纵向槽后端至端口的距离之差。

3) 环形槽:环形槽需要测量缺陷位置(距端口的距离)以及槽长。缺陷位置测量方式同通孔测量,槽长采用估算的方式,根据其占整个圆周的长度比例来确定其长度,一般计为100%环槽,3/4 环槽,1/4 环槽等。

三、填写记录

(1) 试件相关参数填写

试件规格应在测量完成后在记录表格中相关位置填写;材质等根据指导老师所提供的信息填写。

(2) 检测参数填写

检测参数如光照度、表面温度等应在测量完成后填写;所使用的工器具型号、编号等应查证后填写。

(3) 受检对象示意图

应在实验记录表中绘制受检对象的示意图。示意图上确定缺陷记录的"0"点位置。检测完成后,应在示意图上标注缺陷的位置并按照距"0"从近向远的方向使用阿拉伯数字"1、2、3…"进行编号,并标注出缺陷距"0"的距离。

(4) 缺陷记录

缺陷记录表中按照缺陷编号的顺序单个填写相关内容,应记录缺陷离"0"的距离,缺陷性质,缺陷尺寸等。

(5) 填写评定结果

合格/不合格。

(6) 签名及日期

间接目视检测记录表(样张),详见表 9-1。

表 9-1　间接目视检测记录表

试件名称		材料		试件编号	
检测表面状态		规格		表面清理方法	
检测方法			检测类别		
仪器设备			型号		
分辨率试片			分辨率		
照明方式			表面照度		
检测标准			验收标准		

检测结果示意图：

缺陷显示记录			
显示编号	显示位置(距离试件编号侧 mm)	缺陷数量、性质、尺寸(mm)	
检测结论		检测日期	

四、后处理

检测完成后，应清点实验器材，清点完成后清理实验现场。

(1) 将试管归入指定位置；

(2) 关闭照度计，并合上照度计盖；

(3) 关闭视频内窥镜，并有序摆放在实验桌上，探头线不得缠绕；

(4) 将直尺等测量工具有序摆放在实验桌上；

(5) 清洁场地；

(6) 将检测过程中产生的垃圾放入指定的地点；

(7) 离开时随身携带个人物品、现场记录。

参考文献

[1] 王跃辉. 目视检测．国防科技工业无损检测人员资格鉴定与认证考试培训教材[M]. 北京：机械工业出版社，2006.

[2] 朱伟青．民用核安全设备目视检验技术[R]. 民用核安全设备无损检测人员资格鉴定委员会，2012.

[3] ASME 锅炉压力容器第Ⅲ卷：核设施部件建造规则[S]. 2004.

[4] ASME 锅炉压力容器第Ⅴ卷：无损检验[S]. 2004.

[5] ASME 锅炉压力容器第Ⅺ卷：核电厂部件在役检查规则[S]. 2004.

[6] RSE-M 压水堆核电厂核岛机械设备在役检查规则[S]. 2004.